Sciences Little Newton Encyclopedia

小牛頓科学王

奇趣植物园

四川少年儿童出版社

图书在版编目（CIP）数据

奇趣植物园 / 牛顿出版股份有限公司编. -- 成都 : 四川少年儿童出版社，2015(2019.6重印)
（小牛顿科学王）
ISBN 978-7-5365-7295-9

Ⅰ. ①奇… Ⅱ. ①牛… Ⅲ. ①植物－少儿读物 Ⅳ. ①Q94-49

中国版本图书馆CIP数据核字(2015)第225980号
四川省版权局著作权合同登记号：图进字21-2015-19-24

出 版 人：常　青
项目统筹：高海潮
责任编辑：隋权玲
美术编辑：刘婉婷　汪丽华
责任校对：王晗笑
责任印制：王　春

XIAONIUDUN KEXUEWANG · QIQU ZHIWUYUAN

书　　名：小牛顿科学王·奇趣植物园
出　　版：四川少年儿童出版社
地　　址：成都市槐树街2号
网　　址：http://www.sccph.com.cn
网　　店：http://scsnetcbs.tmall.com
经　　销：新华书店
印　　刷：艺堂印刷（天津）有限公司
成品尺寸：275mm×210mm
开　　本：16
印　　张：4.75
字　　数：95千
版　　次：2015年11月第1版
印　　次：2019年6月第4次印刷
书　　号：ISBN 978-7-5365-7295-9
定　　价：16.00元

台湾牛顿出版股份有限公司授权出版

地　址：成都市槐树街2号四川出版大厦六层四川少年儿童出版社发行部
邮　编：610031　　咨询电话：028-86259237　86259232

目录

1 花的构造

油菜的花

◉油菜的生长方式

小花苞慢慢长大后会绽放开来。

油菜的花由茎的下端朝上端陆续开放。

学习重点

❶油菜的生长方式。
❷油菜花的开花方式和花的构造。
❸油菜的果实和种子的生长方式以及构造。
❹和油菜相似的花的构造。
❺各种花的构造。

花的开放方式

天气变暖时，油菜会迅速长大，并且开始开花。

油菜是如何生长的呢？

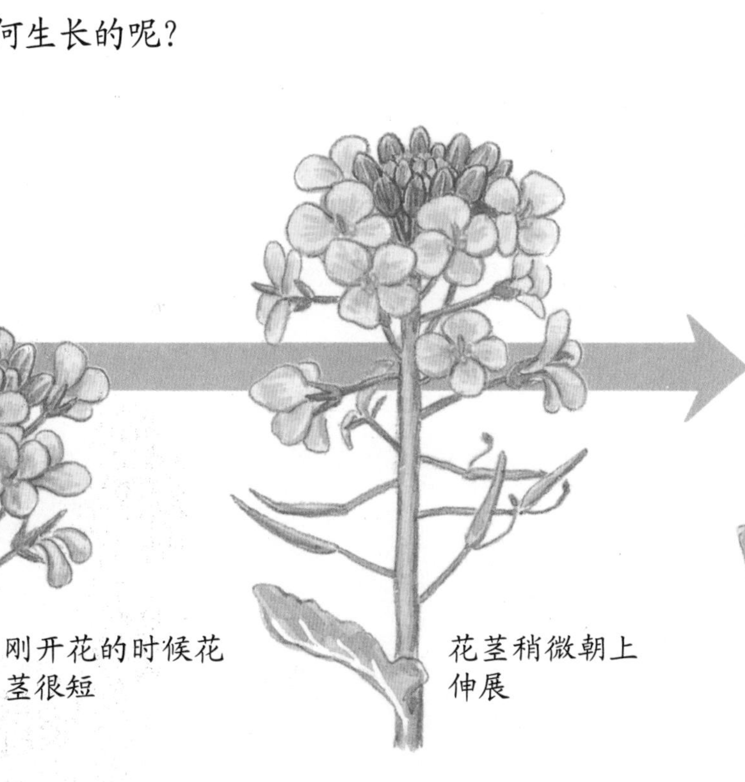

花茎的长度比刚开花时伸长了数倍

花朵开花的样子

花萼包覆着花瓣

露出黄色的花瓣

花瓣向外伸展

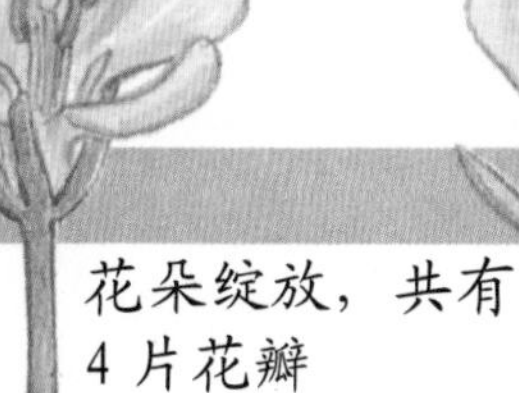

花朵绽放，共有4片花瓣

花朵凋谢

◉花的构造

摘取一朵油菜花，观察花朵的构造。

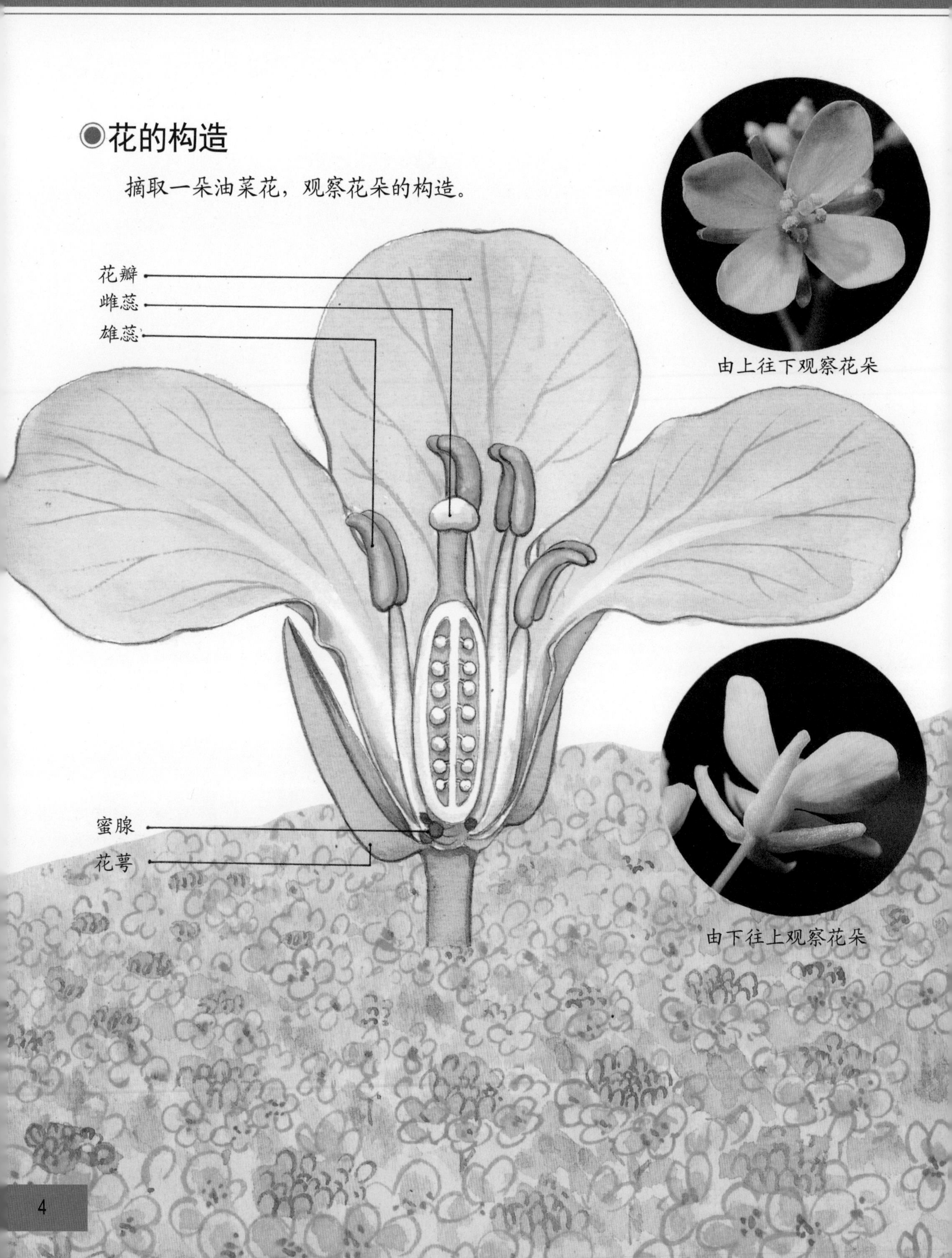

由上往下观察花朵

由下往上观察花朵

油菜的花朵具有花瓣、花萼、雄蕊、雌蕊和蜜腺。

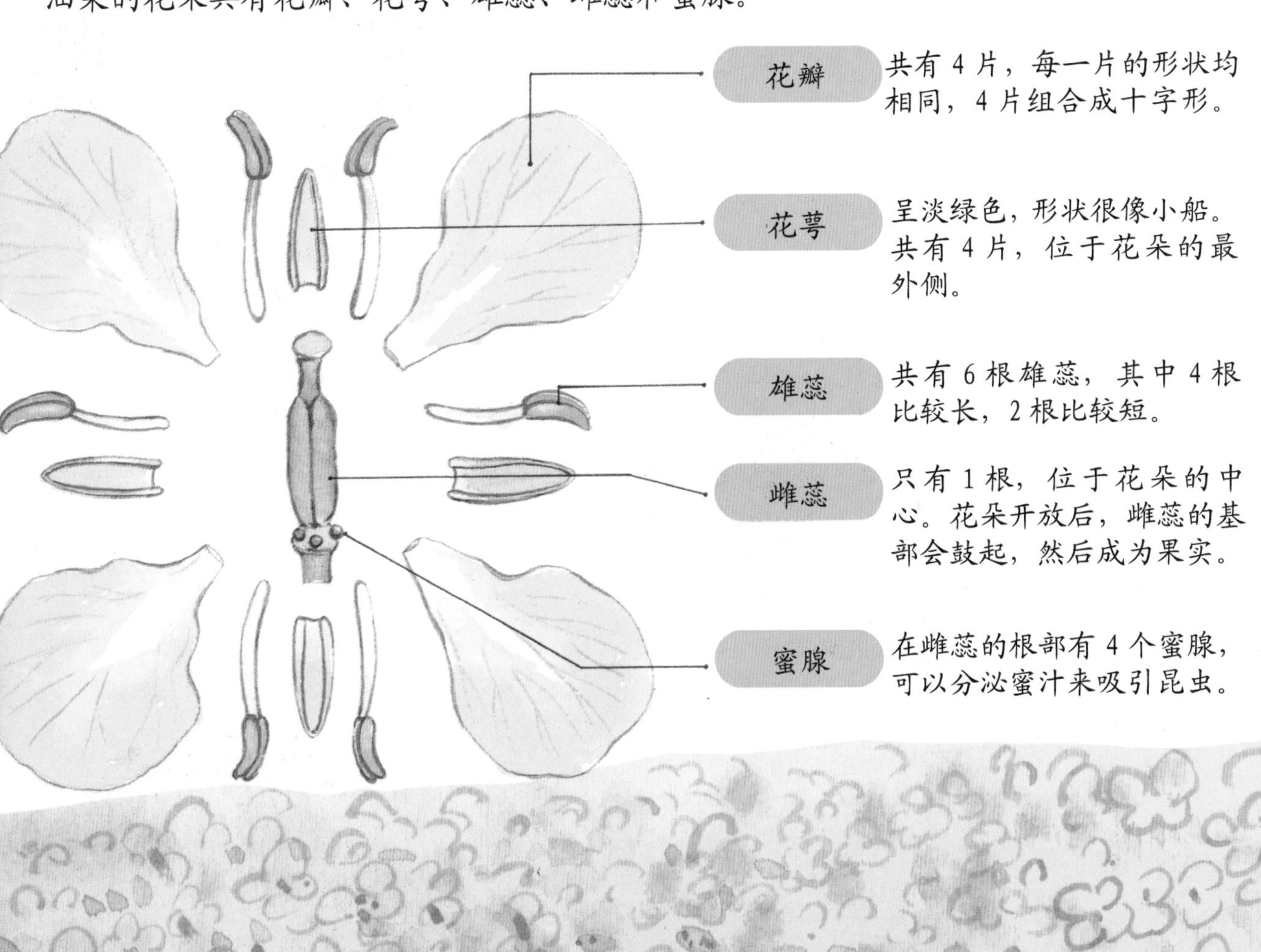

油菜果实的生长方式

油菜的果实

想想看，油菜开花之后哪个部位会成为果实并且结出种子呢？

你可以在一朵花上做记号，然后仔细观察花朵的变化情形。

油菜开花之后，花瓣、花萼和雄蕊均会凋谢，最后只剩下雌蕊。

雌蕊的基部慢慢地鼓起之后便成为果实。

雌蕊的基部慢慢地鼓起

花朵逐渐凋谢

花瓣、花萼和雄蕊先后掉落，最后只剩下雌蕊

◉果实的生长方式

油菜的花朵凋谢之后，雌蕊的基部会慢慢地鼓起并且长大成为果实。果实的大小相当于原来雌蕊的数倍大。

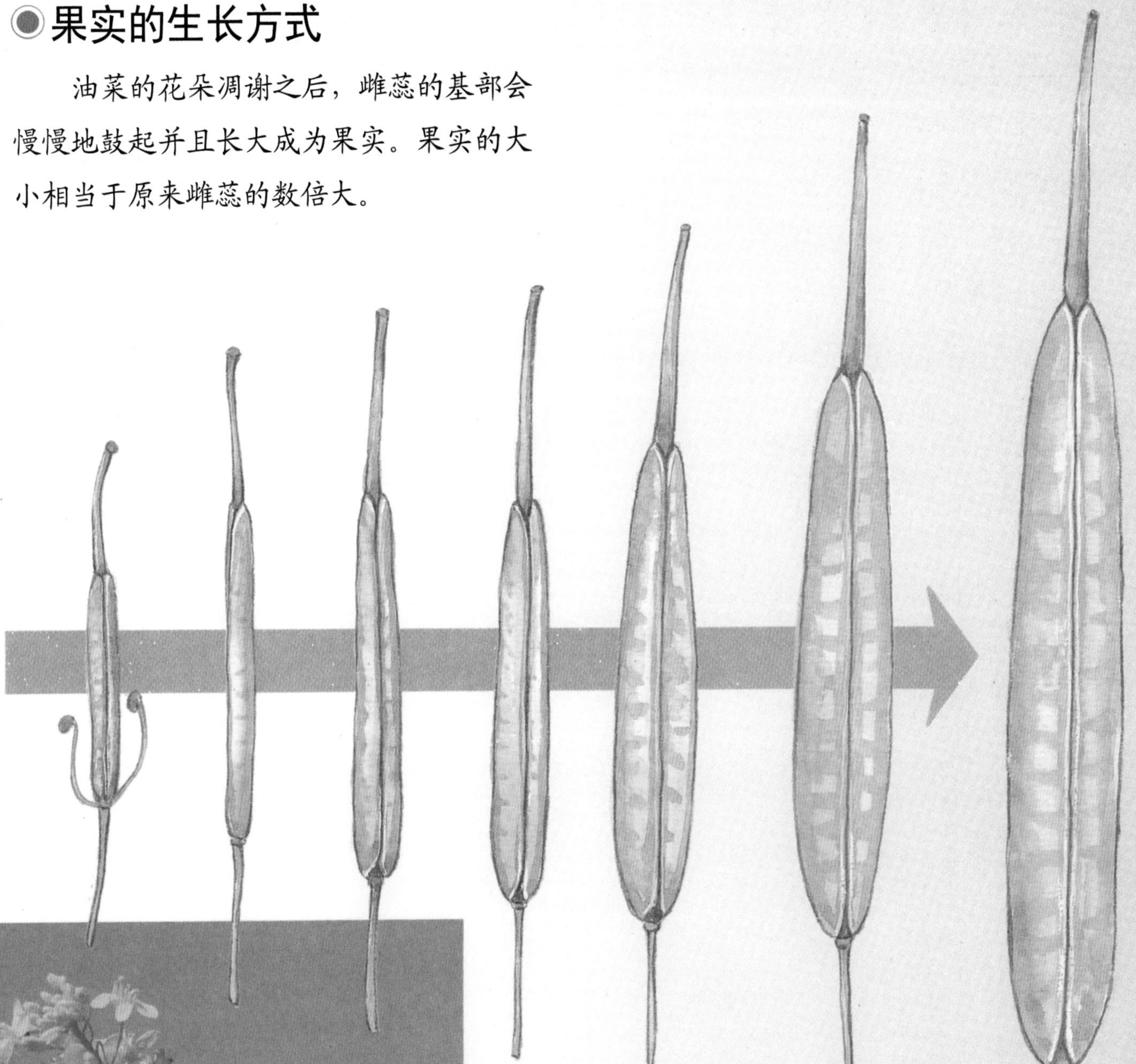

果实的大小

油菜的花会由茎的下方朝上方陆续绽放，所以每颗果实的大小和下方的果实大小相似。

油菜的果实和种子

◉种子的生长方式

果实长大以后，果实里的种子也开始生长。

切开果实，仔细观察种子的颜色、大小以及形状等的变化。

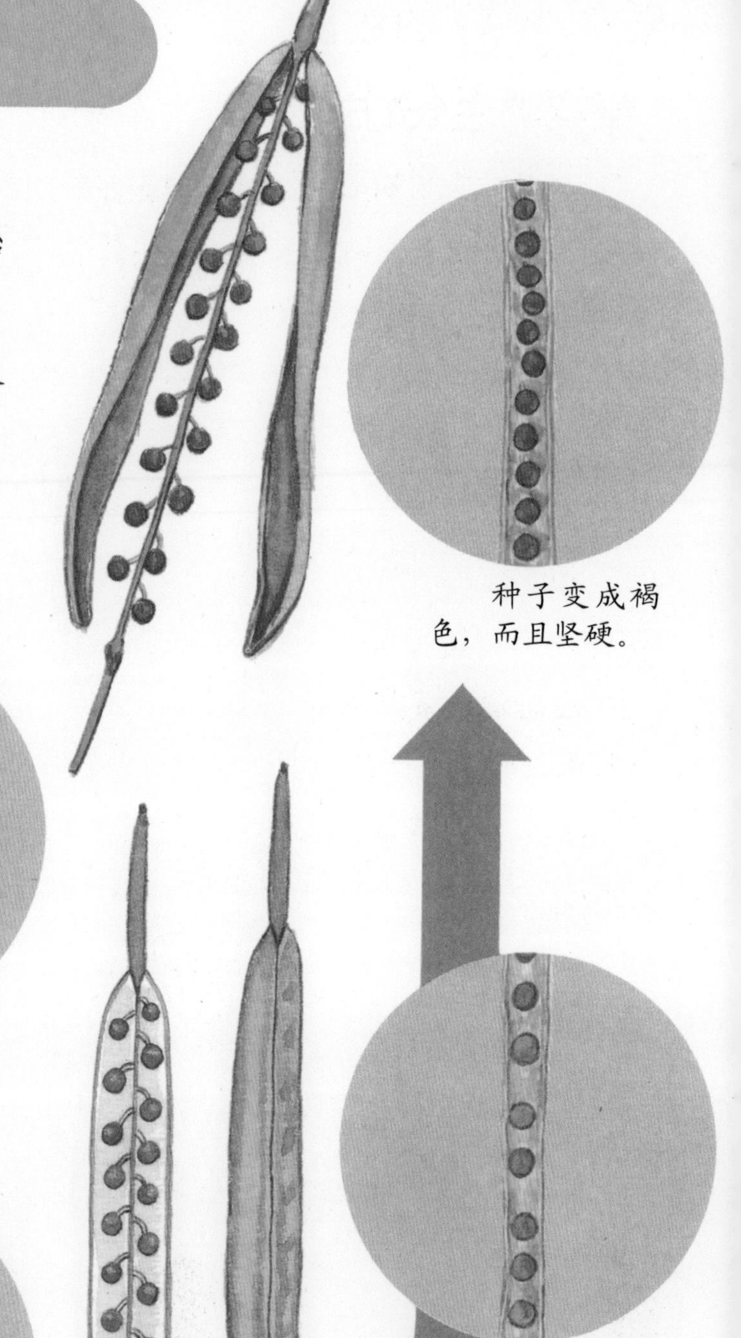

种子变成褐色，而且坚硬。

种子的颜色雪白，形状小而柔软。

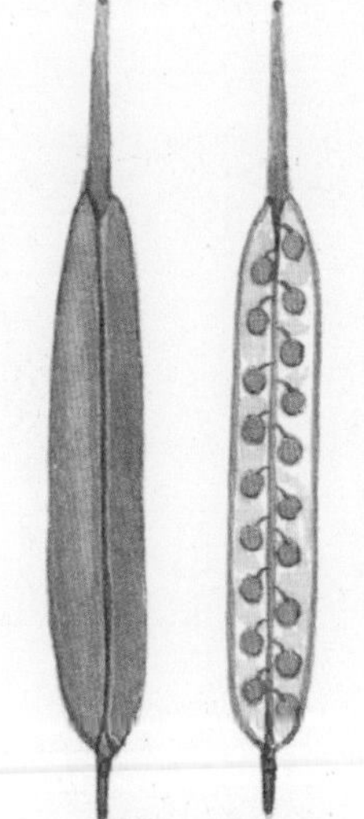

种子呈绿色，依旧很柔软。

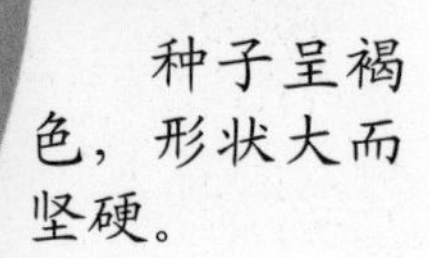

种子呈褐色，形状大而坚硬。

果实中种子的数量

果实中种子的数量依照果实的大小有所不同。

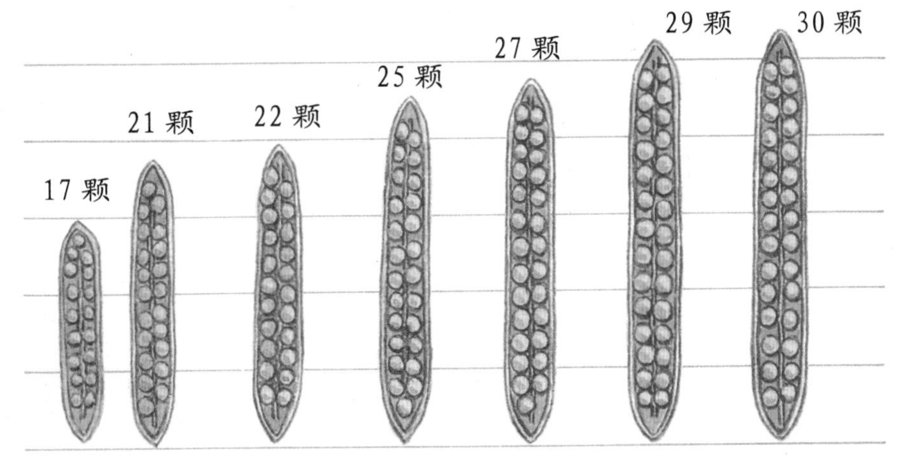

动脑时间

各种花的果实和种子

想想看，常见的花会结什么样的果实和种子？

下面各图展示了几种不同的花的果实和种子。

蒲公英

鸭跖（zhí）草

酢浆草

和油菜花相似的花

花的种类很多，有些花的形状和构造很相似。找找看，哪些花和油菜花很相似？

芥蓝菜的花

芥蓝菜的花朵各有4片花瓣和花萼，其中还有1根雌蕊、6根雄蕊和4个蜜腺。

芥菜的花

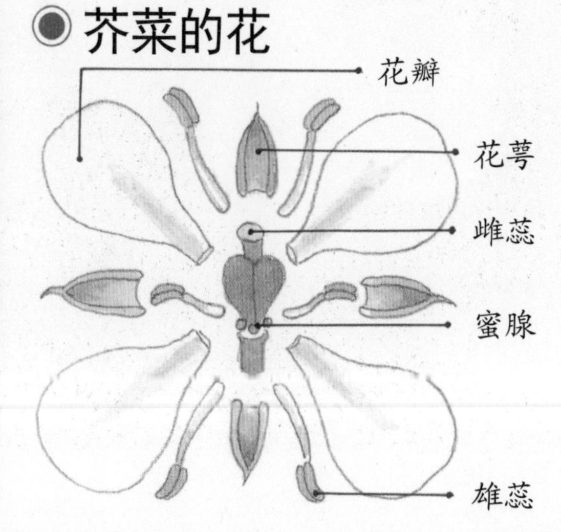

◉甘蓝菜的花

甘蓝菜菜圃

甘蓝菜也会开花

把 3 种植物的花瓣、花萼、雄蕊和雌蕊的数量列出来比较看看，每一个类别的数量都相同。

这些植物都和油菜属于同一科——十字花科。

名称	花瓣	花萼	雄蕊	雌蕊
油菜	4 片	4 片	6 根	1 根
甘蓝菜	4 片	4 片	6 根	1 根
芥菜	4 片	4 片	6 根	1 根

各种花的构造

除了油菜的花之外，我们的四周还有许多不同的花。现在让我们一起研究几种常见的花的构造，并和油菜的花比较看看。

◉花豆的花

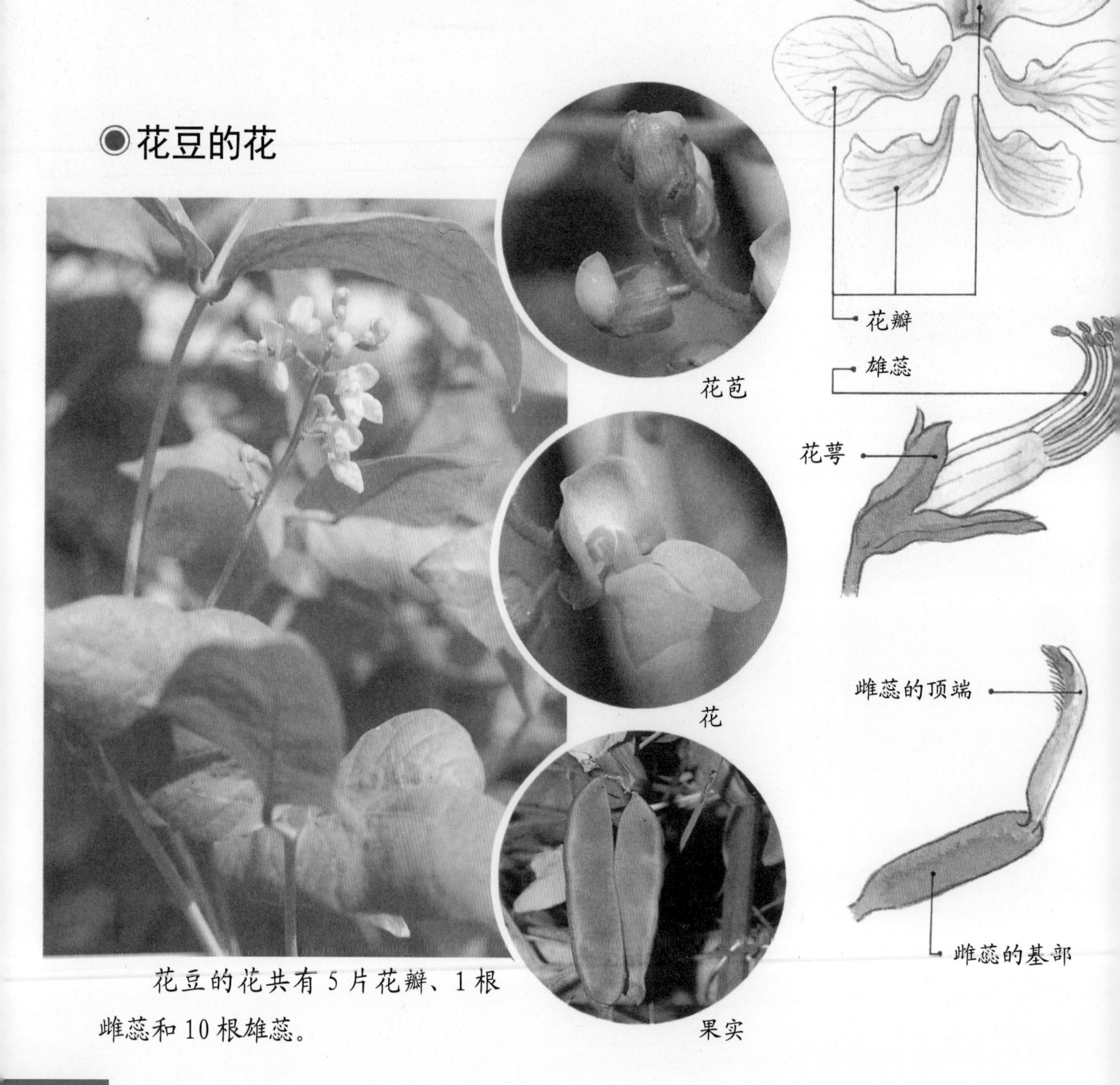

花苞

花

果实

花豆的花共有 5 片花瓣、1 根雌蕊和 10 根雄蕊。

◉ 樱花

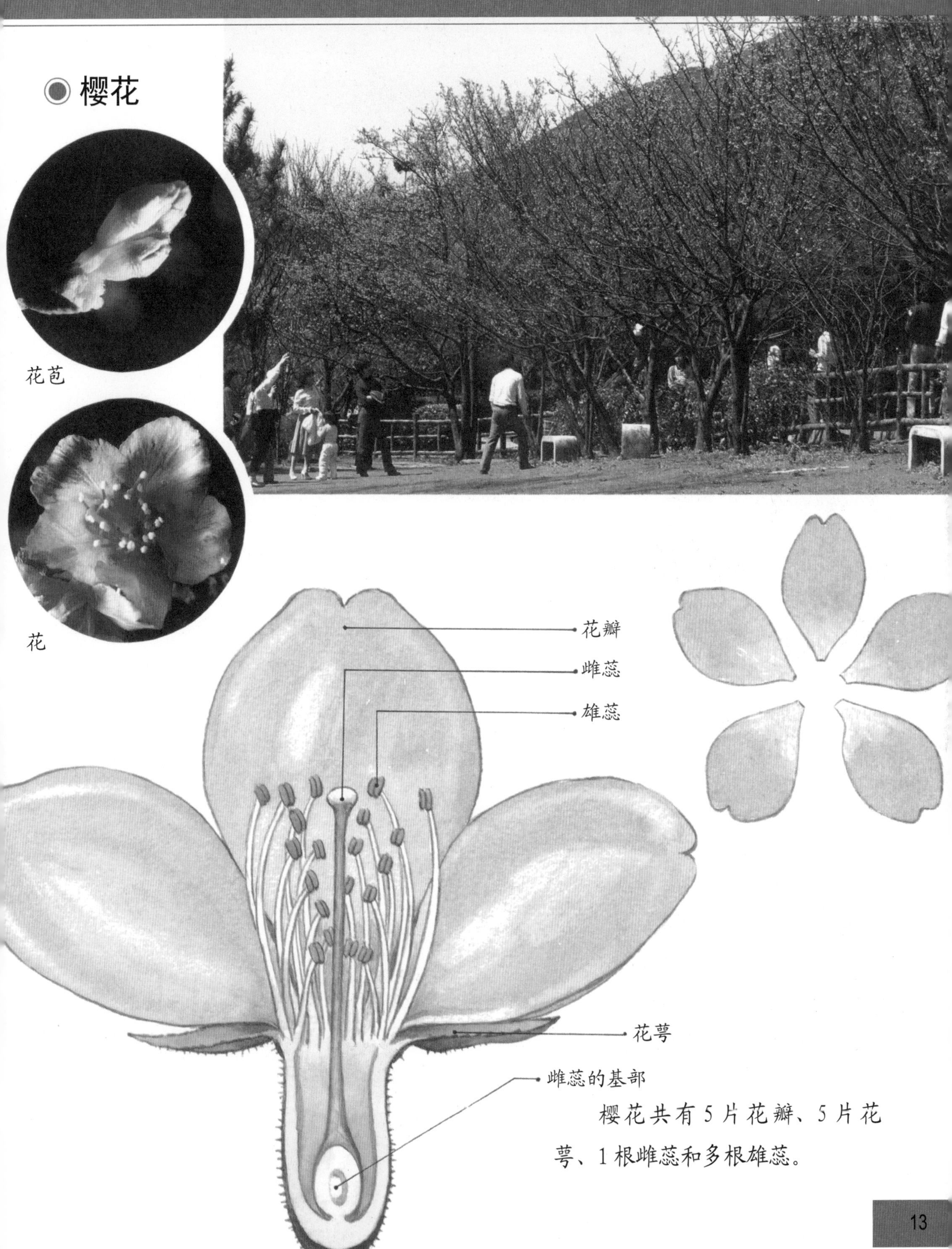

樱花共有5片花瓣、5片花萼、1根雌蕊和多根雄蕊。

◉杜鹃花

花苞

花

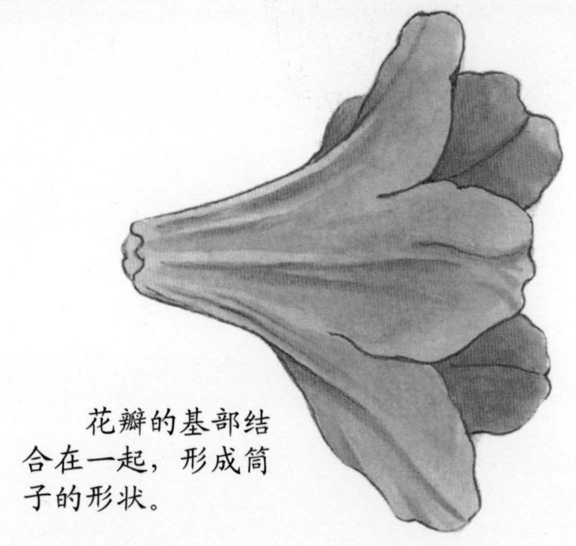

花瓣的基部结合在一起，形成筒子的形状。

杜鹃花与樱花以及油菜花不同，是由5片花瓣结合而成的，看起来很像筒子的形状。此外，杜鹃花还具有1根雌蕊、5~10根雄蕊，雄蕊的数量会因种类不同而有所差异。

三色堇的花
花瓣（5片）
雌蕊（1根）
雄蕊（5根）
牵牛花
花瓣
雌蕊（1根）
雄蕊（5根）
花萼
花瓣的基部结合在一起，形成筒子的形状。
雌蕊的基部

黄瓜的花

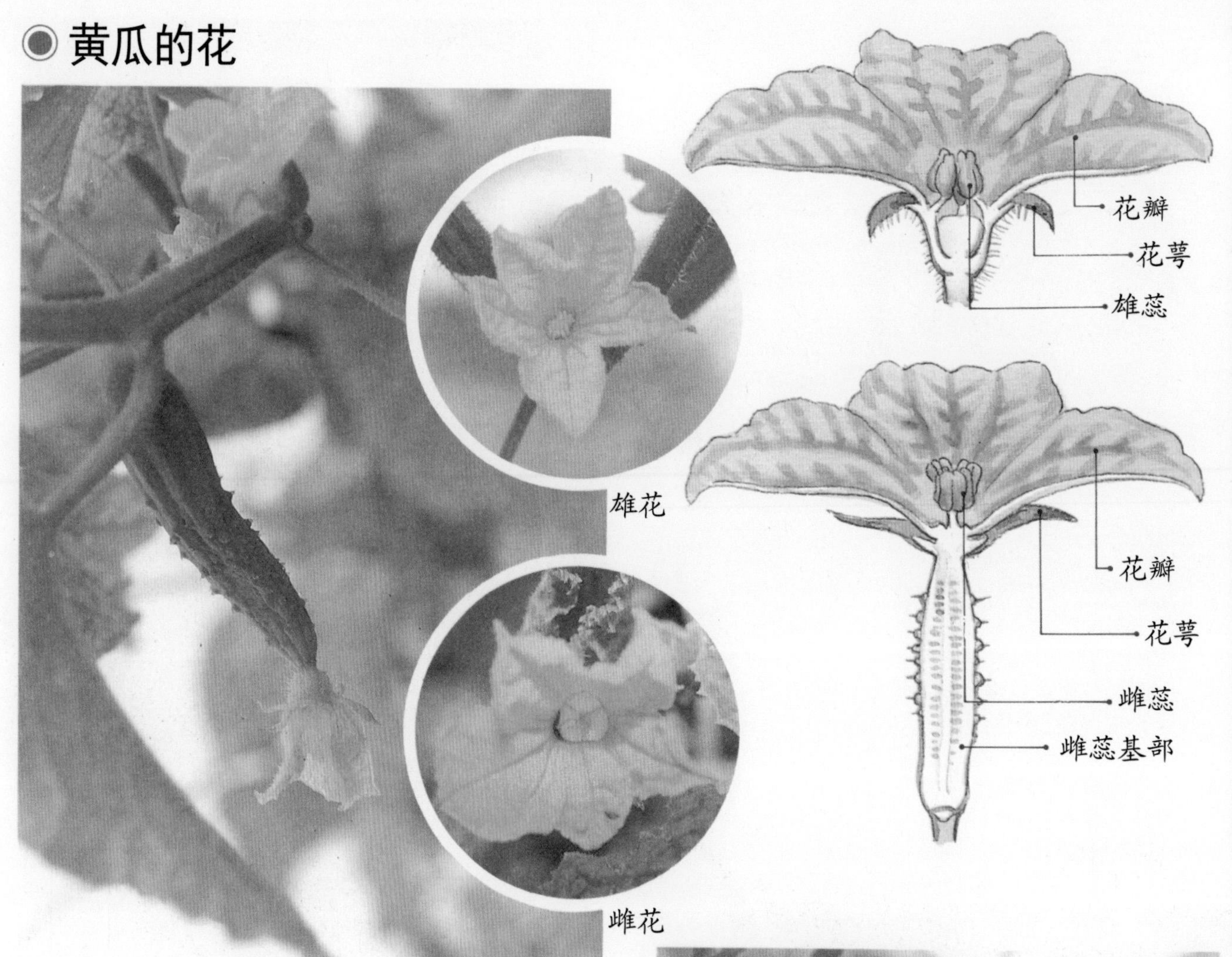

雄花

雌花

黄瓜的花和油菜等的花不同。黄瓜的花分为雌花和雄花，雌花具有雌蕊，雄花具有雄蕊。雄花和雌花均有花瓣与花萼，形状和筒子相似。

雄花凋谢后会掉落下来，但是雌花凋谢后雌蕊的基部会继续生长，不久便成为果实。

黄瓜的果实

雌花凋谢后，雌花的基部会鼓起而形成果实。

整理——花的构造

油菜的花的构造

春天来临时，油菜会迅速长大并长出花苞，不久后花朵便跟着开放。

花朵由花茎的下方朝上方陆续地绽放。

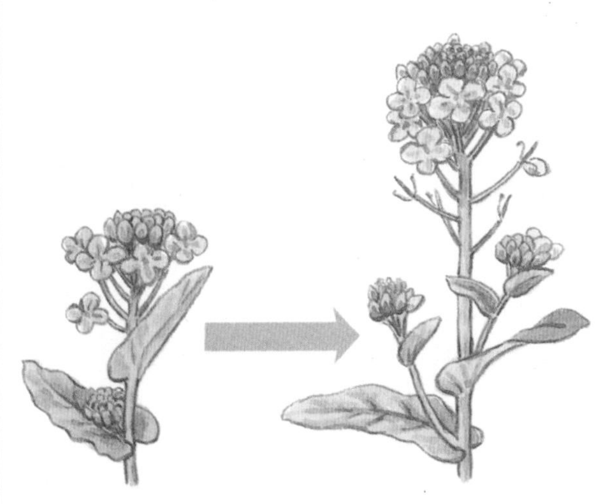

油菜的花有花瓣、花萼、雄蕊、雌蕊和蜜腺。

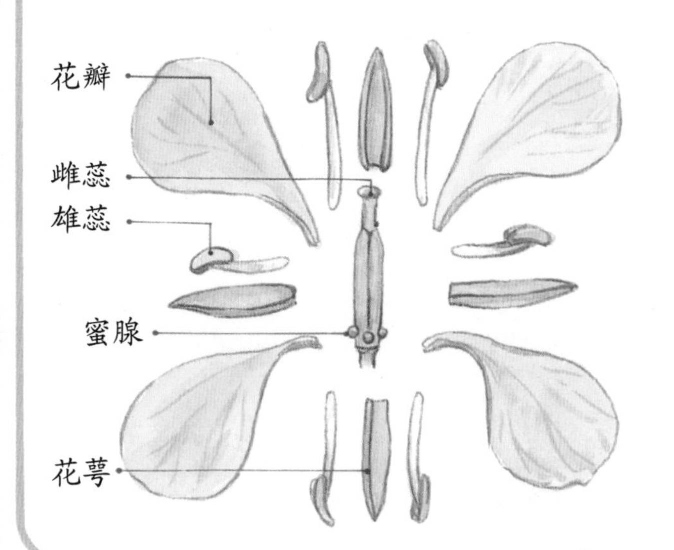

油菜的果实

油菜的花朵开放后，雌蕊的基部会鼓起，不久便成为果实。

和油菜花相似的花

某些花的形状和构造跟油菜花很相似。甘蓝菜、芥蓝菜、芥菜等的花都和油菜的花相似。

油菜的花

甘蓝菜的花

芥蓝菜的花

各种花的构造

花朵通常具有花瓣、雌蕊、雄蕊和花萼。每一种花的花瓣、雌蕊、雄蕊和花萼的数量都是一定的。

2 植物的构造

植物的身体

学习重点

❶根的构造和功能。
❷茎的构造和功能。
❸叶的构造和功能。

树木

我们平常所见的花草和树木的外形差异很大，但是花草和树木都是由根、茎、叶构成。根可以支撑露出地面部分的重量，茎可以支撑叶片的重量，叶片可以吸收日光并制造养分。现在让我们一起来观察植物的构造，并了解每个部分的功能或作用。

叶

花草

叶

茎

茎

根

根

根的构造和功能

如果向日葵等植物逐渐枯萎，可以朝根部浇水，枯萎的叶片或茎通常会恢复生气并伸展开来，这是因为植物生活所需的水分可由根部吸收的缘故。

那么，植物的根部构造究竟如何？根的哪个部分可以吸收水分？现在我们以凤仙花作为观察的对象，仔细看看凤仙花的根的构造。

◉ 根的构造

把凤仙花按照下图❶～❸的方式移植后，凤仙花会出现 3 种不同的情况。

因为❶和❷图中的根的功能丧失，所以植物慢慢枯萎。那么，到底根的哪个部分可以吸收水分？

❶拔出根来用水清洗，然后移植。 ❷拔出根后，把根直接移植。 ❸连土带根一起取出，然后移植。

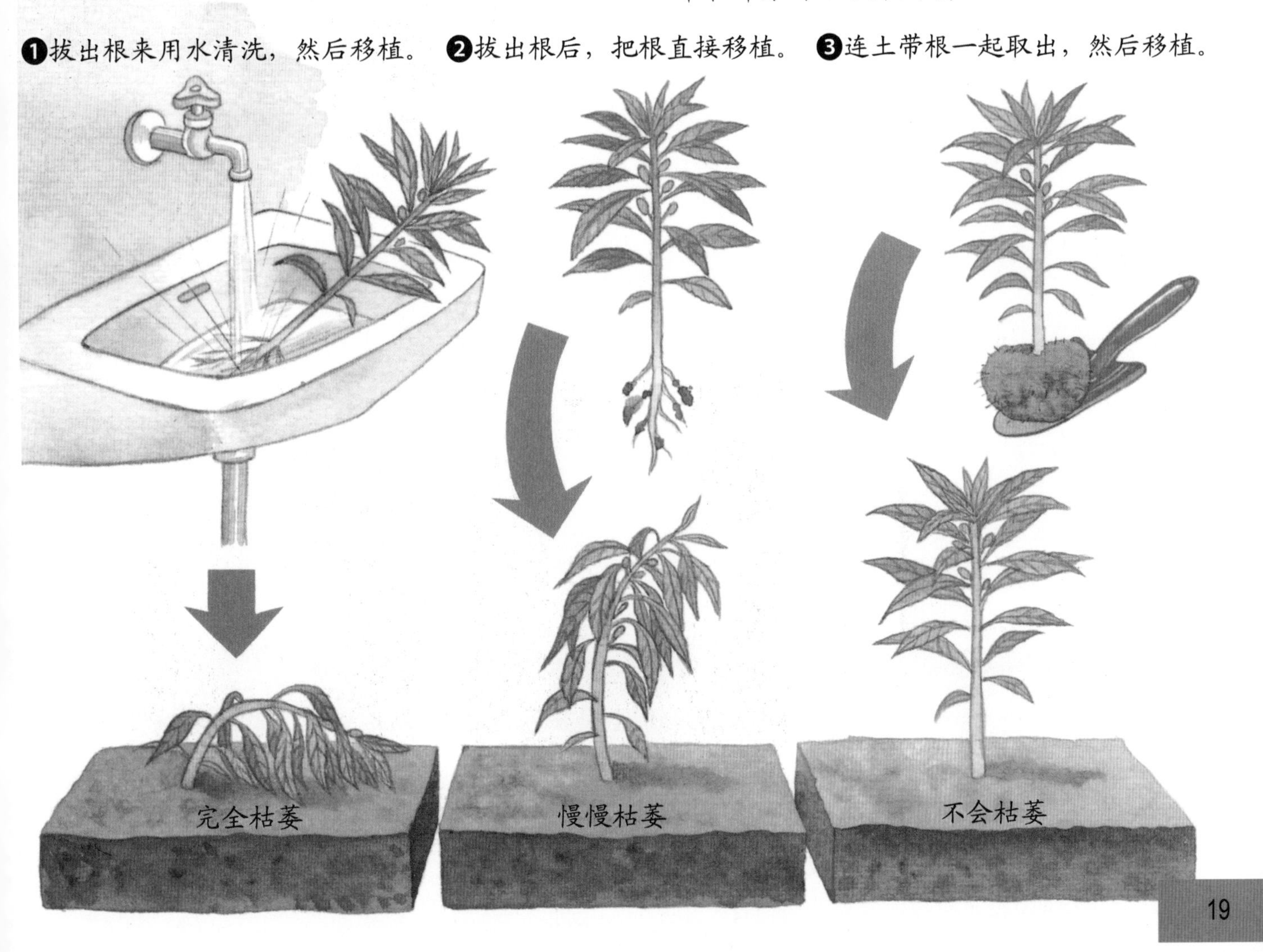

凤仙花的根虽然因为清洗而枯萎，如果细心地照料，花苗依旧能恢复原来的生气。

按照下图的方式，把枯萎的部分包在潮湿的报纸里，两三天之后，根的前端会长出许多绒毛状的细根。

这种绒毛状的根叫作根毛，根毛可以吸收土壤中的水分或吸取水分中的养分。第 19 页第❸图的凤仙花是连土带根一起移植，所以根毛依旧保存下来，植物本身便不会枯萎。利用刚发芽的萝卜籽等植物，可以仔细地观察根毛。

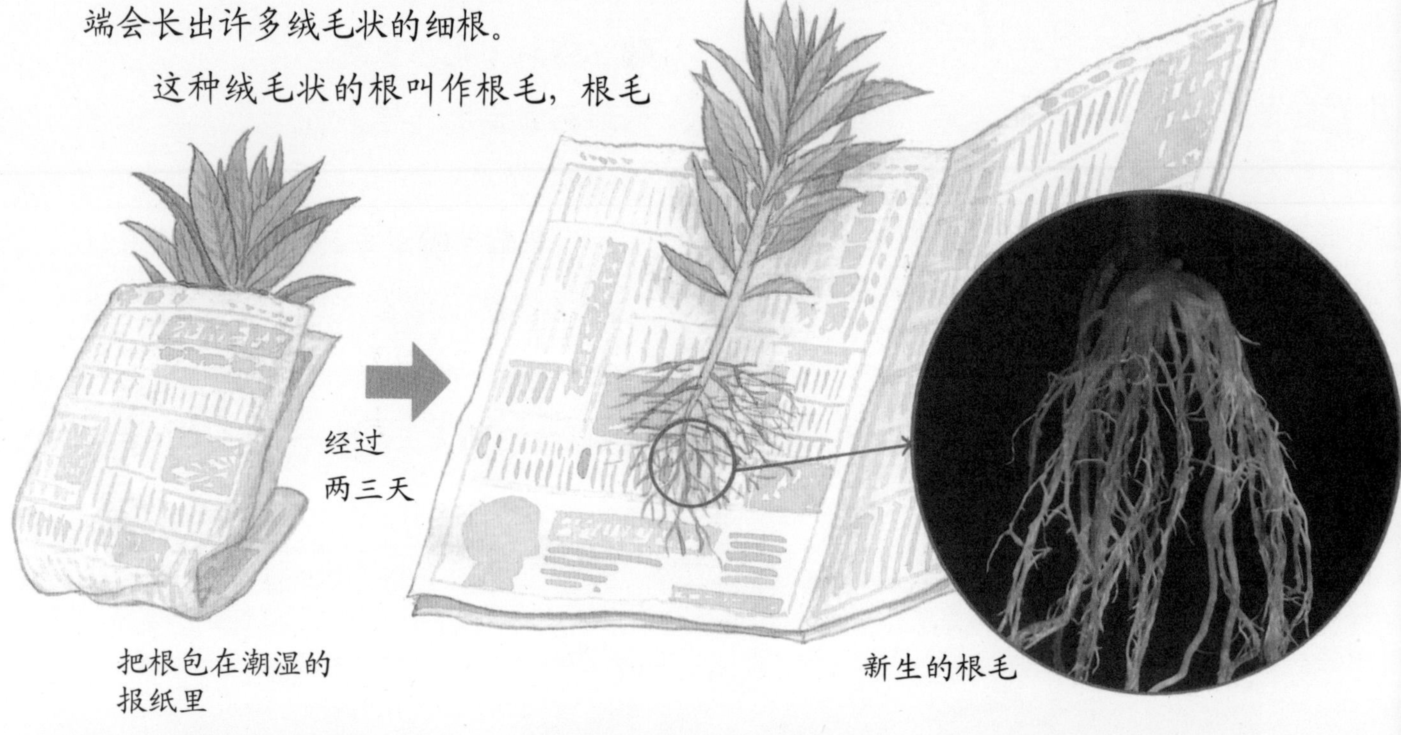

把根包在潮湿的报纸里

新生的根毛

进阶指南

根毛的生长方式

根毛生长在根的前端附近，但是根的最前端不会长根毛。根的最前端会伸入泥土的深处，并和泥土或沙粒产生摩擦，而根毛很软且容易断，所以根的最前端不长根毛。根毛生长的部位距离根的最前端大概有数毫米。根慢慢伸展后，新的根毛会不断长出。

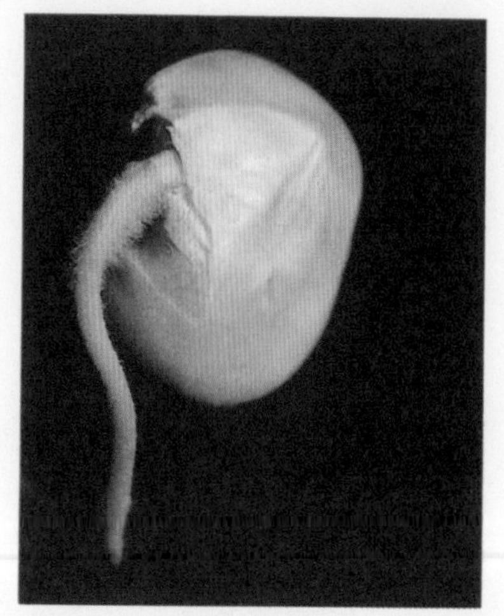

玉米的根毛

兰花的根毛

水分或养分的通道

水分和溶解于水中的养分会由根毛吸收并送往根的内部，水分和养分慢慢聚集后便流向茎部。

仔细地观察凤仙花，看看根的内部是否有水分或养分的输送通道。

观察　把凤仙花的苗浸入染红的水中，过一会儿再把根部切开来仔细观察。

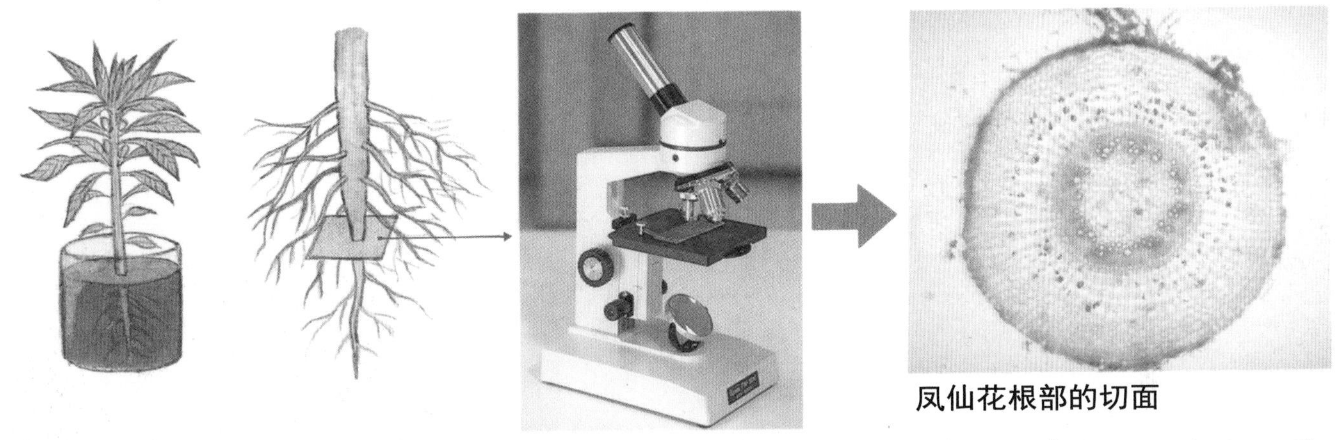

凤仙花根部的切面

◈利用显微镜观察凤仙花根部的切面，可以看到右边照片中的红色部分，水分和养分便是经由这个部分运往植物的茎部。

要点说明

水或溶解于水中的养分都是由根部前端附近的根毛所吸收，根毛的形状很像绒毛。由根毛吸收的水分或养分会通过根毛内部的管道，然后再流向植物的茎部。

进阶指南

主根·侧根·须根

如果仔细调查各种植物的根部构造，可以发现，稻、麦或玉米等植物的根都很粗，并且像胡须一般在泥土中伸展。凤仙花或向日葵等植物则有一条长长延伸的粗根，粗根的四周还有许多分枝的细根。稻、麦等的根叫须根。凤仙花等的粗根叫作主根，其余分枝的细根叫作侧根。

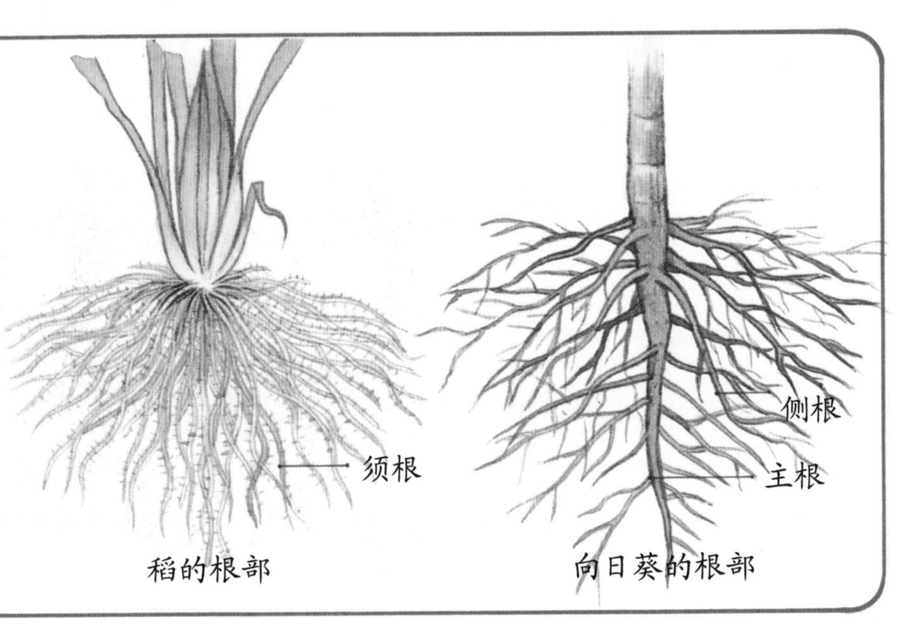

稻的根部　　向日葵的根部

茎的构造和功能

◉茎的构造

想想看，根部吸收的水分或养分，会通过茎的哪个部分，然后输送到叶片或花等部位？这和观察根部时的做法相同，可以利用凤仙花来研究植物茎部的构造。

观 察 把凤仙花的茎部浸入染红的水中，过一会儿再把茎部切开来仔细观察。

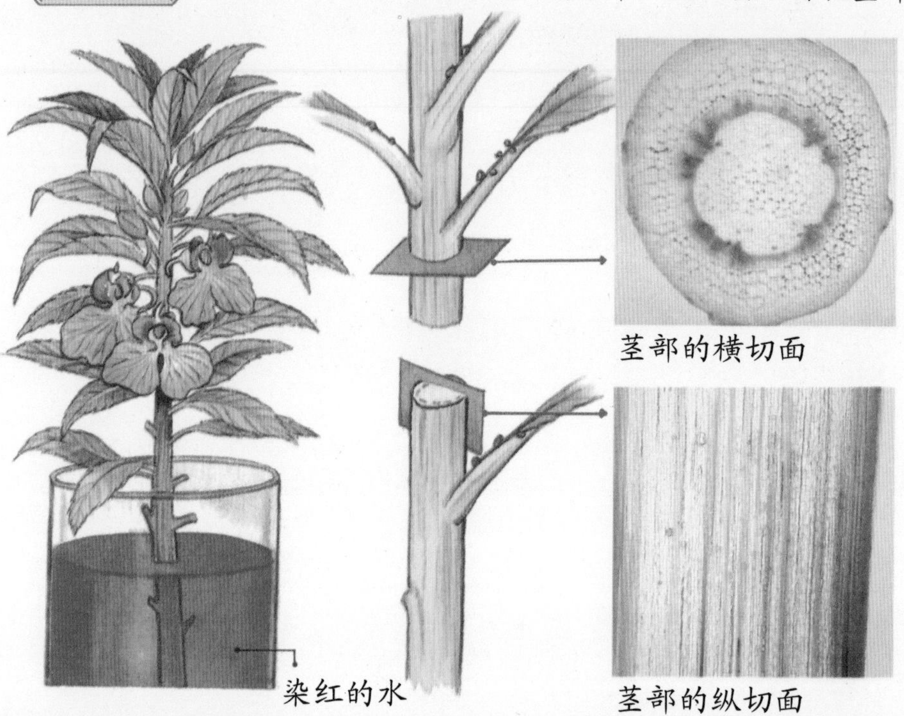

茎部的横切面
茎部的纵切面

把凤仙花的茎部浸入染红的水中，然后用显微镜观察茎部的横切面。

◆ 结果和根的实验相同，切面的各处都可见染红的迹象，而染红的部位有许多管状的东西聚集在一起。

从茎部的纵切面观察这些管状的东西，会发现这些管子一直通往上方。所以，根部吸收的水分和养分便经由这些管子朝上方输送。

进阶指南

形状奇特的茎

为了支撑植物露出地面的部分，大多数植物的茎都是笔直地朝上伸展。但是，有些植物的茎的形状却很奇特。

例如，南瓜的茎是沿着地面爬行，竹子的茎则在地下延伸，南蛇藤或葛藤的茎却像藤蔓一般缠绕在其他植物上，并且慢慢地伸展。

茑萝

野牵牛

◉导管的排列方式

根部吸收的水分和养分由茎部里的管子来输送，这种管子叫作导管。那么，是不是每一种植物的导管排列方式都相同呢？

现在我们按照凤仙花的实验方式来看看德国鸢尾的导管排列方式。

观察 把德国鸢尾的茎部浸入染红的水中，过一会儿，再把茎部切开来观察导管的排列方式。

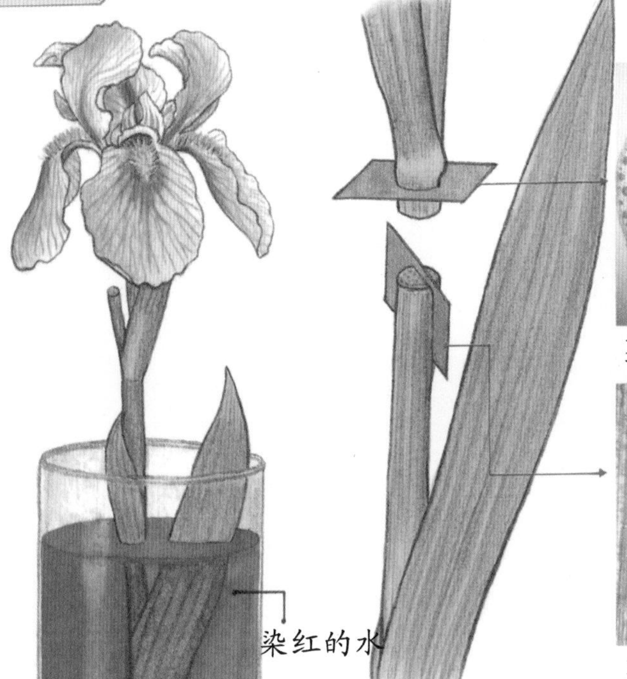

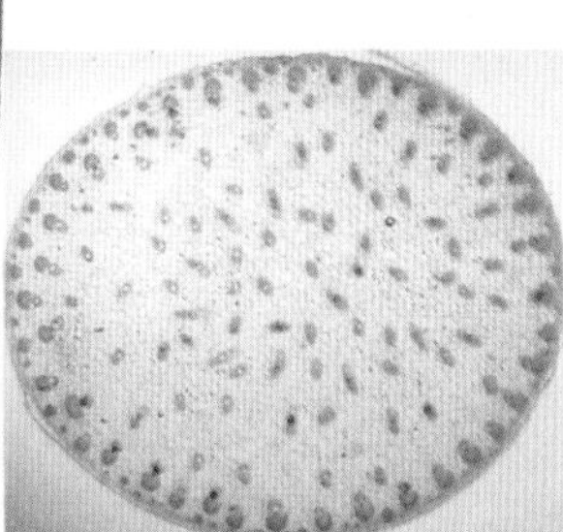

茎部的横切面

茎部的纵切面

把德国鸢尾的茎部浸入染红的水中，一会儿之后，利用显微镜观察茎部的横切面。

◈ 德国鸢尾的茎部和凤仙花的茎部构造稍有不同。德国鸢尾被染红的导管部分散布于茎部的所有部位。

另外，其他植物如菖蒲、玉米和麦子等植物的导管，分布情形也都和德国鸢尾的导管分布情形相似。

要点说明 根部吸收的水分和养分可经由茎部输送，而水分和养分流经的管子被称为导管。

进阶指南

茎的构造

仔细观察凤仙花茎部的横切面，可以发现导管的外侧还有许多小管，这种小管叫作筛管。叶片制造的养分可经由筛管送往根部或种子。另外，导管和筛管之间的圆轮叫作形成层，形成层是制造新细胞的场所。新细胞形成后，茎部会渐渐变得粗大。

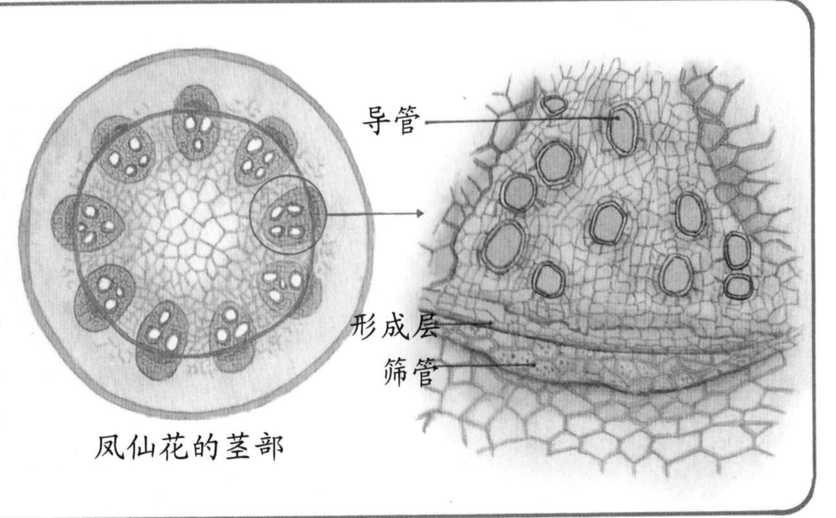

凤仙花的茎部

叶的构造和功能

水分和养分的通道

想想看，从根部和茎部的管子流过的水分和养分，会通过叶片的哪个部位再输送到植物的其他部分？

观 察 将凤仙花叶片浸入染色的水中之后取出，如下图般横切叶片，或透过日光观察整个叶子。

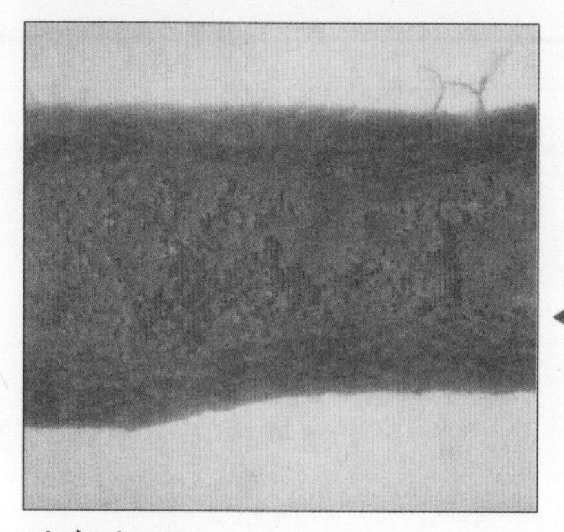

叶柄切面

透过日光观察叶片

在左图中，叶柄横切面的红色部分，便是来自根部与茎部的水分和养分的流通道路。换句话说，这个红色部分和茎部的导管互相连接在一起。

在右图中可以看见染红的叶脉。染红的叶脉部分便是水分和养分的输送道路，而这个部分又和叶柄的红色部分相互连接一起。

进阶指南

平行脉·网状脉

在叶片中，输送水分和养分的部分叫作叶脉。有些植物的叶脉呈平行分布，例如鸭跖草、水稻、矮竹等。有些植物的叶脉呈网状分布，例如八仙花、樱花、向日葵等。呈平行分布的叶脉叫作平行脉，呈网状分布的叶脉叫作网状脉。

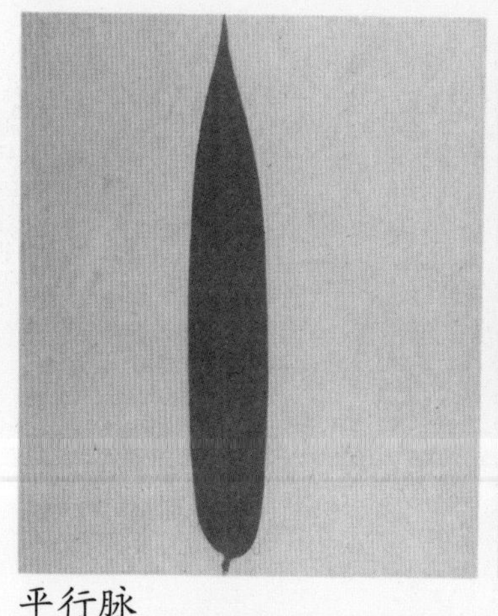

平行脉

网状脉

◉吸水的功能

剪下花草的茎部并插在花瓶里，花草的茎部暂时不会枯萎，但花瓶的水分却会慢慢减少。想想看，有叶片的茎部和没有叶片的茎部的吸水功能有什么不同？如果按照下图的方式比较有叶片和没有叶片时，瓶中水量的变化情形，你会发现没有叶片的花瓶的水量变化很小。相反地，有叶片的花瓶的水量却明显地减少。由这个实验可以得知，叶片具有吸水的功能。

◉水分的出口

想想看，由根毛吸收的水分和养分到达叶片后会通过叶脉，通过叶脉后会往哪里去呢？叶片中是不是会储存许多水分呢？现在，我们用凤仙花做实验来观察。

实验 把凤仙花浸入染色的水中，然后用塑料袋把叶和茎的部位包起来。

用塑料袋把凤仙花的叶和茎包起来。

过了一会儿，塑料袋的内部会充满雾气。

不久，塑料袋的内部会出现水滴。

◈在上面的实验中，塑料袋的内部会出现水滴是因为叶片会散发水分的缘故。如果仔细观察，还会发现塑料袋内部的水滴并没有颜色。由此可知，根部吸收的水分和养分当中，只有水分才会从叶片散发出来。

想想看，叶片的表面和叶片的背面，哪一面散发的水分比较多？把定时器固定在叶片的表面和叶片的背面，你会发现由叶片背面收集的水分比较多。换句话说，叶片的水分多半由叶片的背面散发出来。由于石蕊试纸碰到湿气后会由蓝色变成桃红色，所以可以像左图一般把石蕊试纸贴在叶片的表面和背面，来观察水分的散发情形。

贴在叶片表面（左）和叶片背面（右）的石蕊试纸。

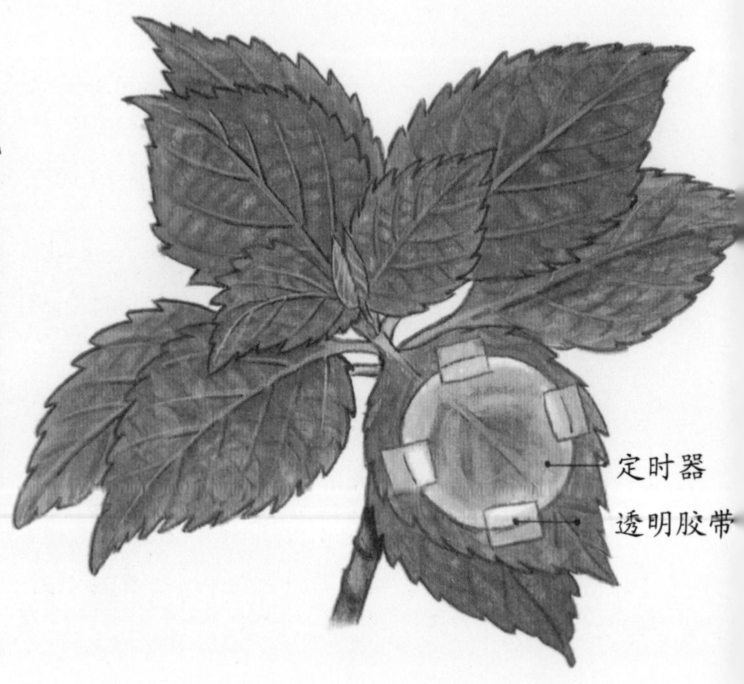

观 察 把鸭跖草的叶片表皮撕下并放在显微镜下观察。

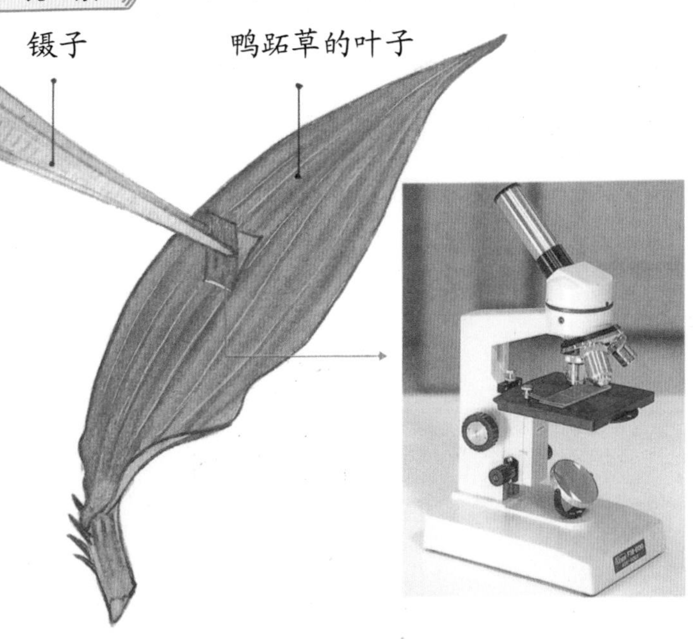

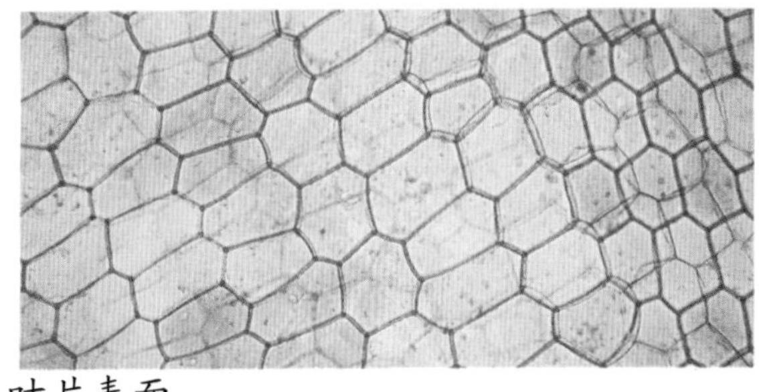
叶片表面

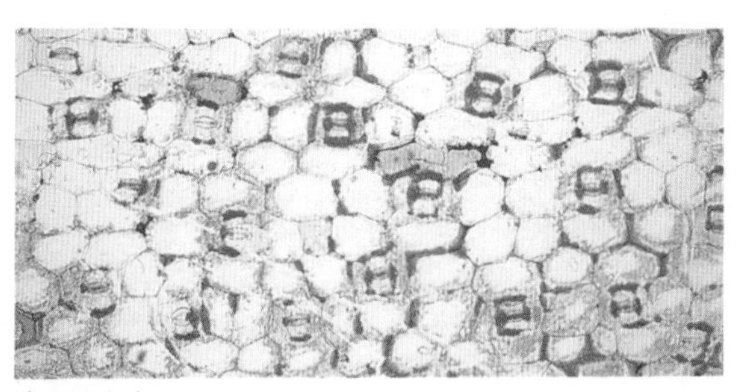
关闭的气孔

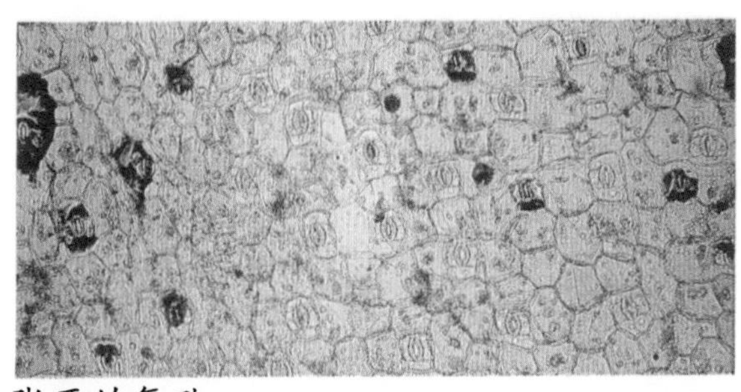
张开的气孔

◈ 把叶片的表面和背面的表皮撕下，放在显微镜下观察，会发现表皮上面到处都有空隙，而且叶片背面上的空隙比表面多，这些空隙叫作气孔。根部吸收的多余水分会以水蒸气的形式从气孔排除。气孔可以自行张开或关闭，来调节水分的蒸发，并调节植物体内水分的含量。

要点说明 由根部流到叶片的水分和养分，会经由叶柄与叶脉输送到整个叶片，而叶片中多余的水分会变成水蒸气，并由叶片背面的许多气孔排放出来。

进阶指南

水孔

叶片上除了气孔外，叶缘还有许多孔穴，这些孔穴叫作水孔。气孔到了晚上会自行关闭，但是水孔却一直打开。清晨时，叶片的边缘有许多水滴，这些水滴就是夜间由水孔排出的多余水分。

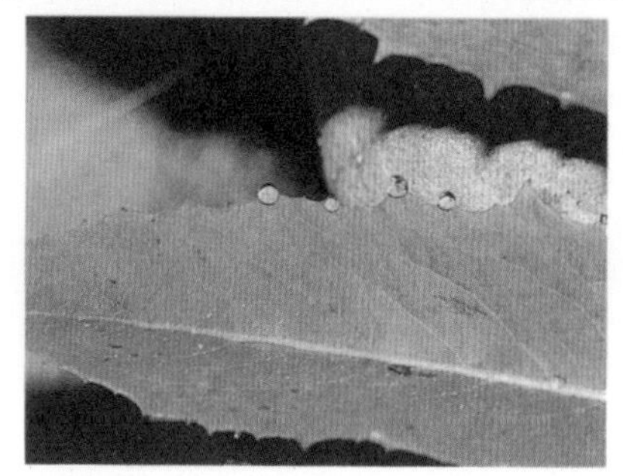
水孔排出的水分

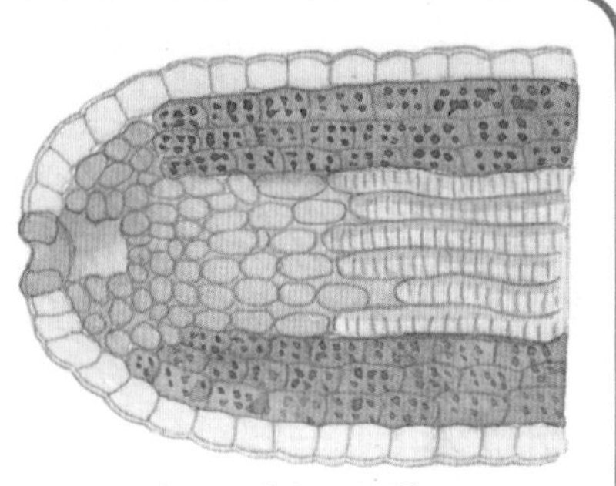
水孔的切面图

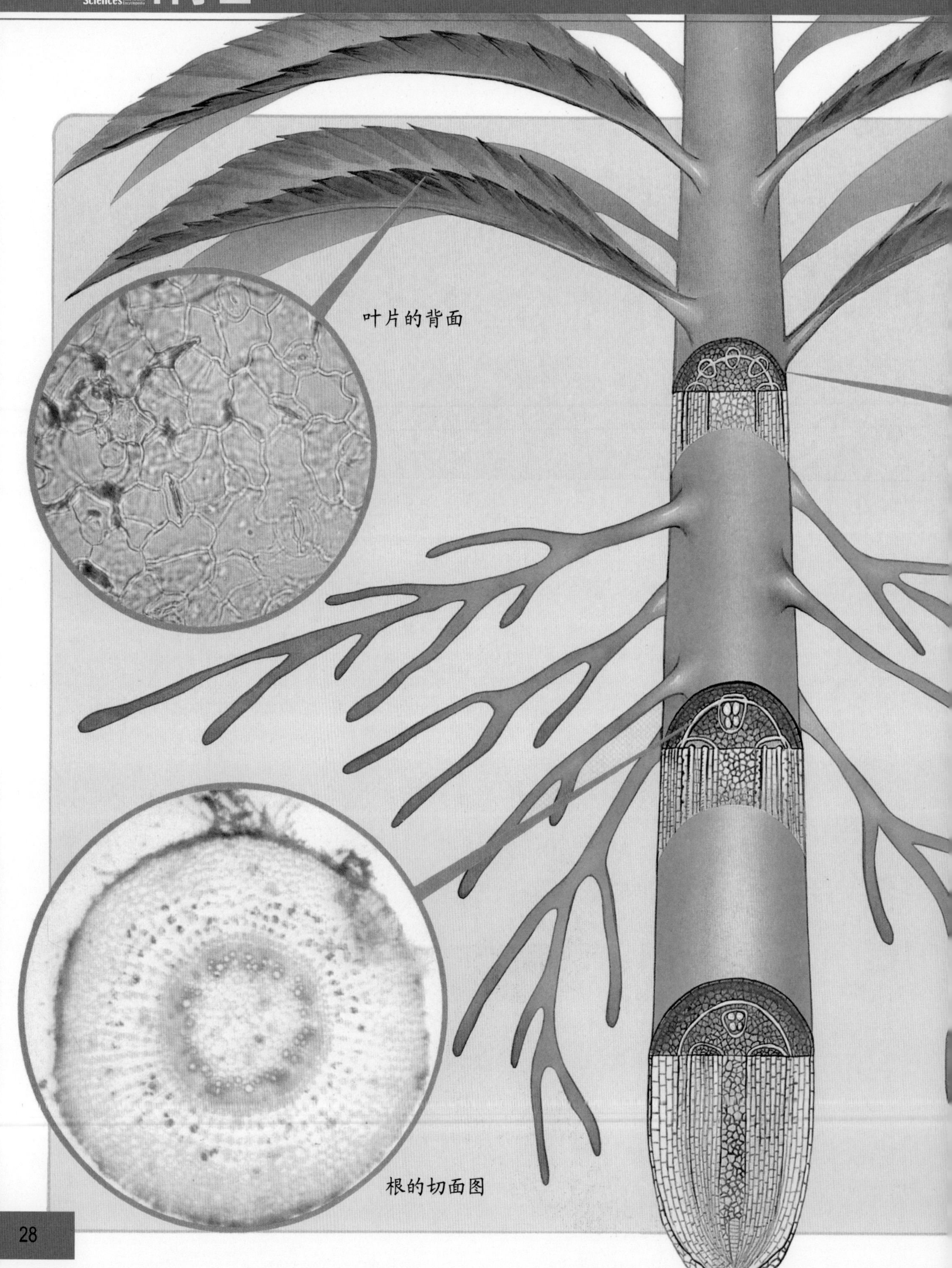
叶片的背面
根的切面图

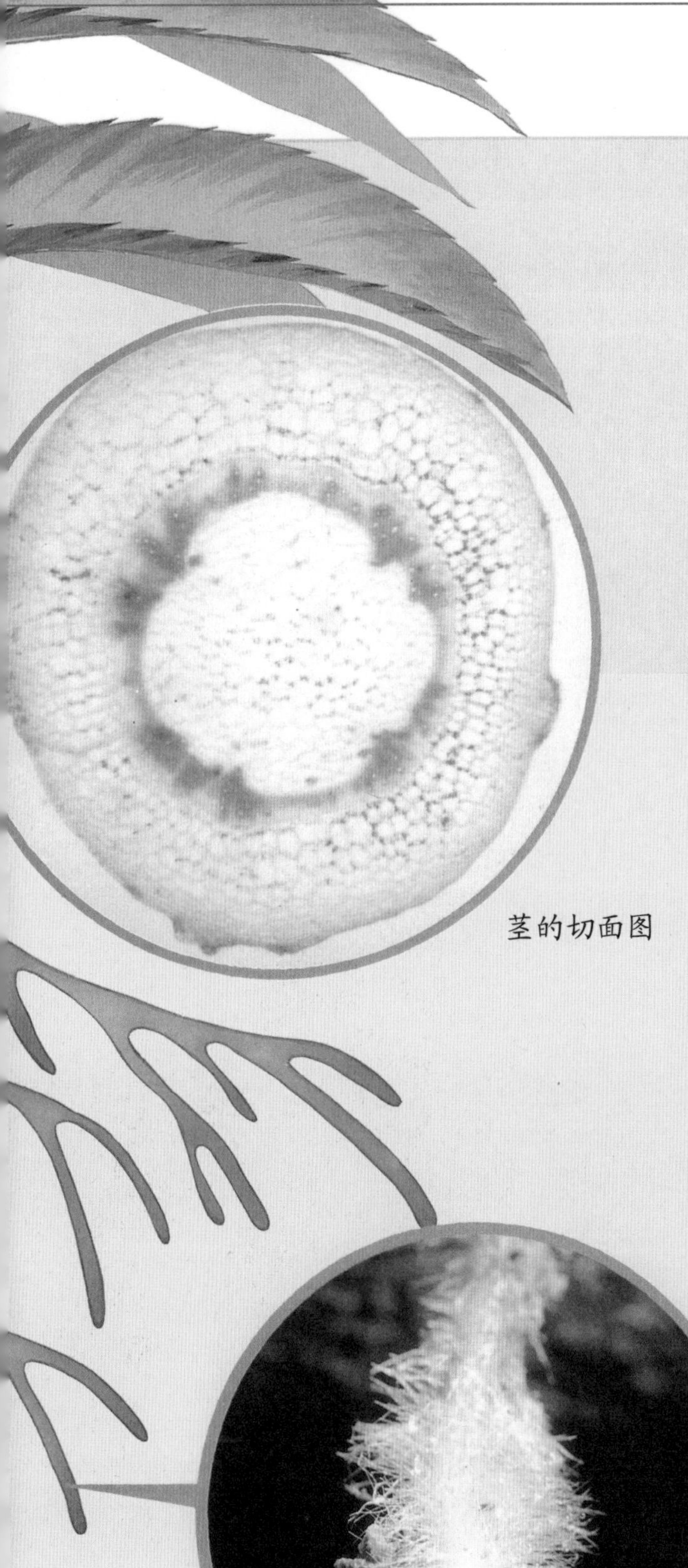

茎的切面图

根前端的根毛

整理——植物的构造

根的构造和功能

土壤中的水分和养分是由根的前端状似绒毛的细根来吸收的，这些细根叫作根毛。

被吸收的水分和养分会经由根部的小管子向上流动。

茎的构造和功能

根部吸收的水分和养分会经由茎部的导管流向叶片。

叶的构造和功能

由根部到达叶片的水分和养分会通过叶柄的管子，并经由叶脉流向整个叶片。叶片上有许多空隙，这些空隙叫作气孔（叶片背面有许多气孔），多余的水分可以由气孔向外蒸发。

气孔可以自行张开或关闭来调节植物体内水分的含量。

3 授粉与结实

各种花的构造

同时具有雄蕊和雌蕊的花

和油菜花同种的花都各有4片花萼和花瓣、6根雄蕊和1根雌蕊。那么，其他花的构造是怎么样的呢？

现在，我们一起来看看牵牛花的构造。牵牛花的花瓣呈喇叭形，有5片花瓣和5片花萼，花萼的基部接合在一起。

牵牛花还有5根雄蕊和1根雌蕊。雄蕊由花药和花丝构成，雌蕊由柱头、花柱、子房等部分构成。

牵牛花的构造

学习重点

❶各种花的构造。
❷可以结果的花与不能结果的花。
❸花粉的功用。
❹授粉时花粉的传播方式。

观察 观察百合花的构造。

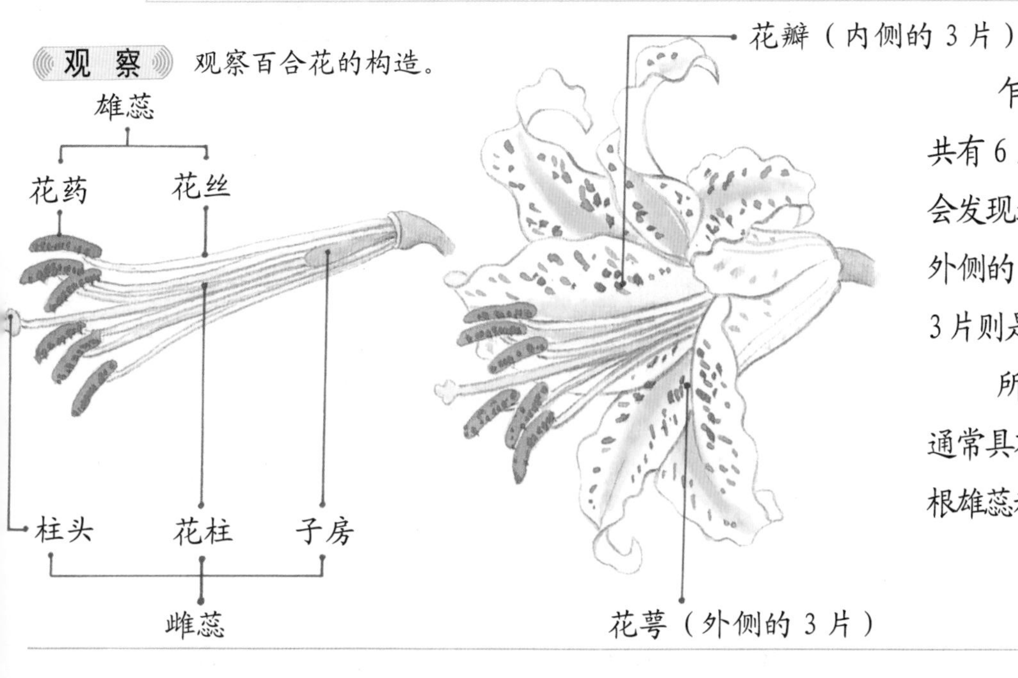

乍看之下，百合花的花瓣共有6片。如果仔细地观察，你会发现这6片是由内侧的3片与外侧的3片所组成的，而外侧的3片则是由花萼变化而成的。

所以，和百合花同类的花通常具有3片花萼、3片花瓣、6根雄蕊和1根雌蕊。

要点说明

油菜花、牵牛花和百合花等花朵一定有数片花萼和花瓣，同时还有数根雄蕊和1根雌蕊。

通常，雄蕊由花药、花丝两部分构成，雌蕊由柱头、花柱、子房三部分构成。

进阶指南

两性花

油菜花、牵牛花和百合花等的花朵都有雌蕊和雄蕊，这种花叫作两性花。我们平日常见的美丽花朵大部分是两性花。下面各图的花朵都是两性花。此外，蔷薇、麝香豌豆、美人蕉、杜鹃花等也都是两性花。

樱花

睡莲

杜鹃

◉只有雄蕊或雌蕊的花

丝瓜的花分为雄花和雌花，所以雄蕊和雌蕊也各自分开。想想看，其他哪些植物的花也分为雄花和雌花两种？

丝瓜的雄花

丝瓜的雌花

观 察 观察南瓜的花的构造。

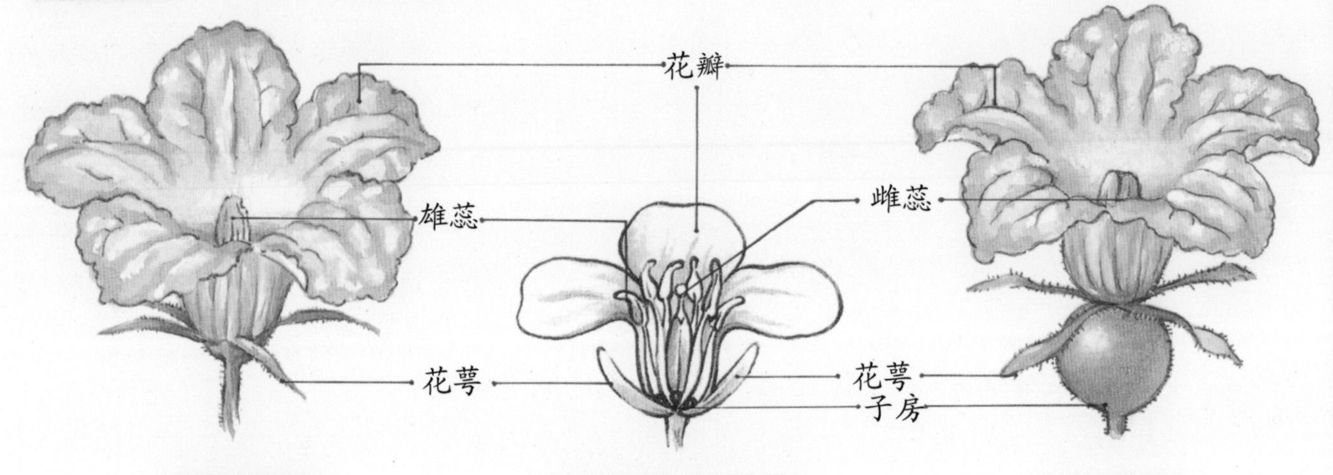

南瓜的雄花　具有雄蕊和雌蕊的花　南瓜的雌花

◈ 南瓜的花和丝瓜的花相同，雄蕊与雌蕊分别长在不同的花朵上。只有雄蕊的花叫作雄花，只有雌蕊的花叫作雌花，雄花和雌花都在同一枝花株上。

仔细观察南瓜的花朵，会发现雄花和雌花的花萼与花瓣的前端都分为5片，但基部却合成1片。另外，雄花有5根雄蕊，雌花有1根雌蕊。

进阶指南

各种花的子房位置

每一种花的子房与花瓣或花萼，其生长位置的相互关系各不相同。杜鹃或油菜花等的子房位于花萼或花瓣生长位置的上端，松叶牡丹等的子房位于中位，南瓜的花、菖蒲花、菊花等的子房则位于下位。

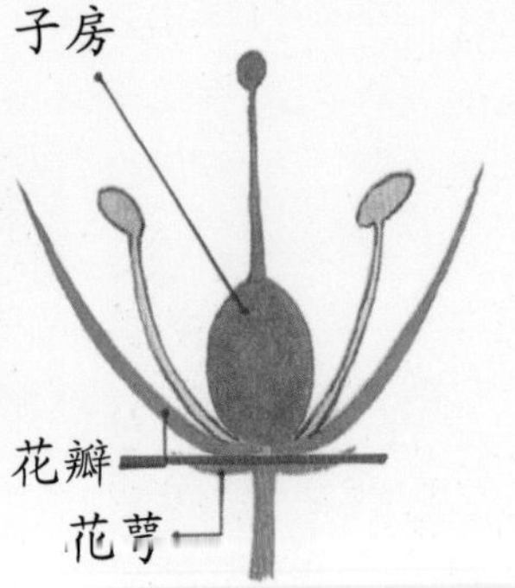

子房上位
杜鹃或油菜花等。

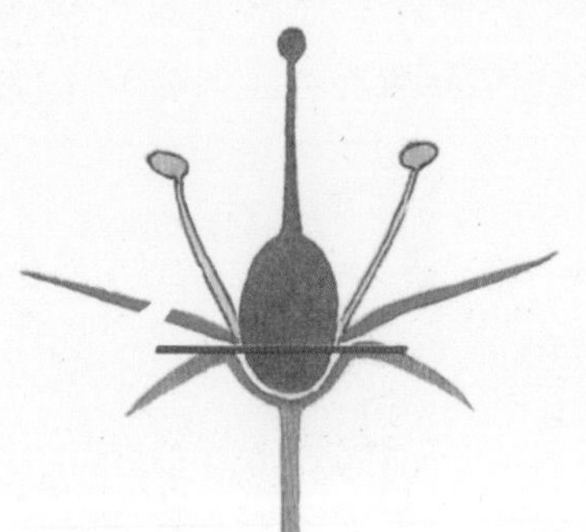
子房中位
松叶牡丹或虎耳草等。

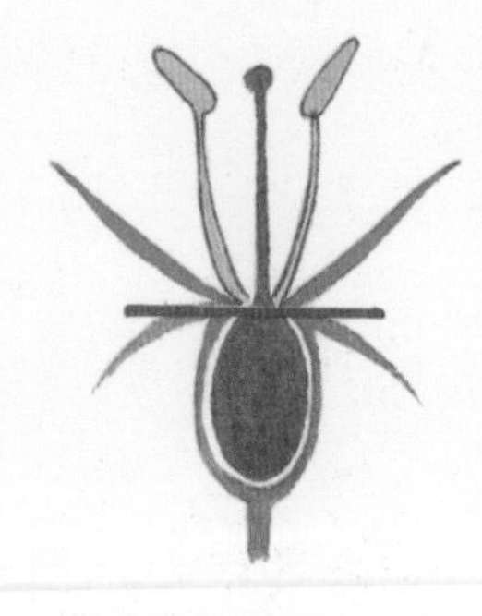
子房下位
南瓜的花或菖蒲花等。

观 察 观察栗树的花的构造。

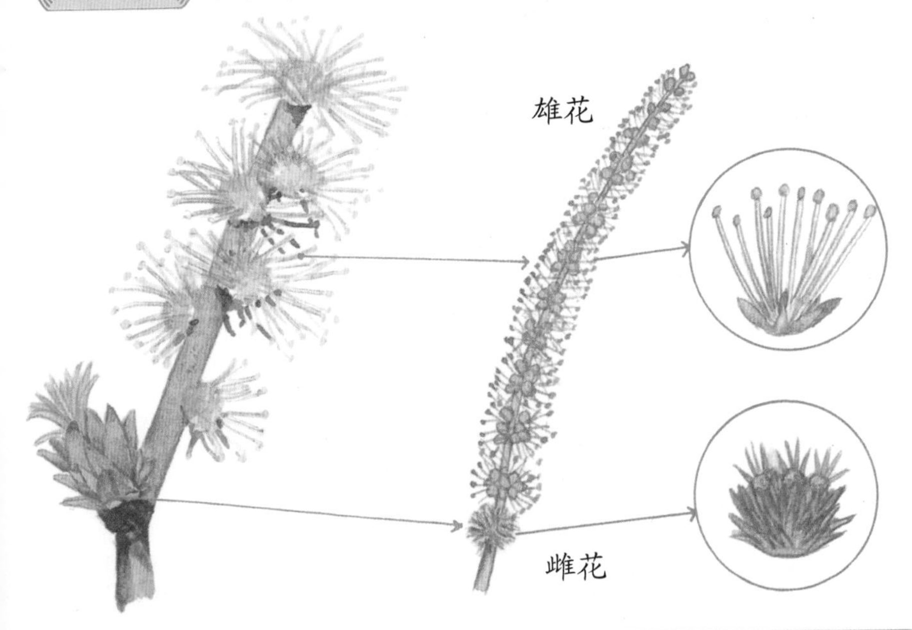

◆ 栗树的花和南瓜的花相似，可分为雄花和雌花两种。雄花有雄蕊，雌花有雌蕊。

每株花穗前端的花为雄花，基部的花为雌花。雄花的数量很多，但雌花却只开1朵或2朵。花株不同时，雄花的雄蕊数目也不太一样，但通常都是10根左右。

要点说明

丝瓜、南瓜和栗树等的花的雌蕊和雄蕊各自长在不同的花朵上。只有雄蕊的花叫作雄花，只有雌蕊的花叫作雌花。而油菜花、牵牛花和百合花的雄蕊和雌蕊却长在同一朵花上。

进阶指南

雌雄同株和雌雄异株

雄花和雌花都是单性花。雄花和雌花开在同一株上的植物称为雌雄同株。如果雄株（只开雄花）和雌株（只开雌花）分开，这种植物叫作雌雄异株。丝瓜、南瓜和松等都属于雌雄同株。棕榈、垂柳等属于雌雄异株。

雌雄同株

丝瓜的花

瓠瓜的花

雌雄异株

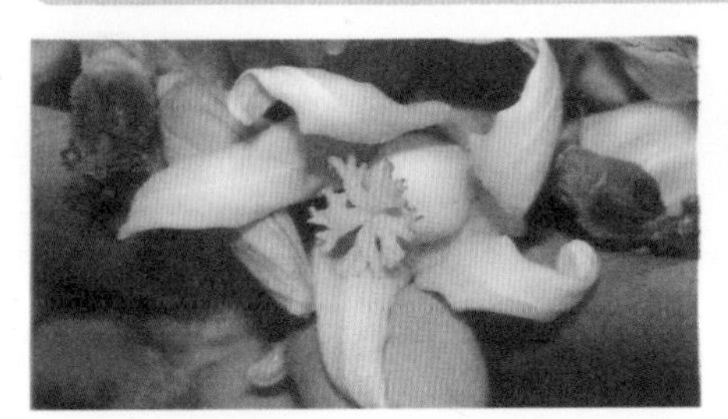
木瓜的雌花

褐色柳的雌花

山棕的雌花

会结果的花与不会结果的花

◉ 雄蕊的功能

油菜花的雌蕊基部有子房，子房成长后便会结果。但是，花萼和花瓣掉落之后，雄蕊也会跟着枯萎。

丝瓜的雌花凋谢以后，子房会成长变成果实。但是，花苞开放后的次日，雄花会跟着凋落。

那么，到果实长成为止，雄蕊究竟担任什么角色？还是根本没有任何用处？

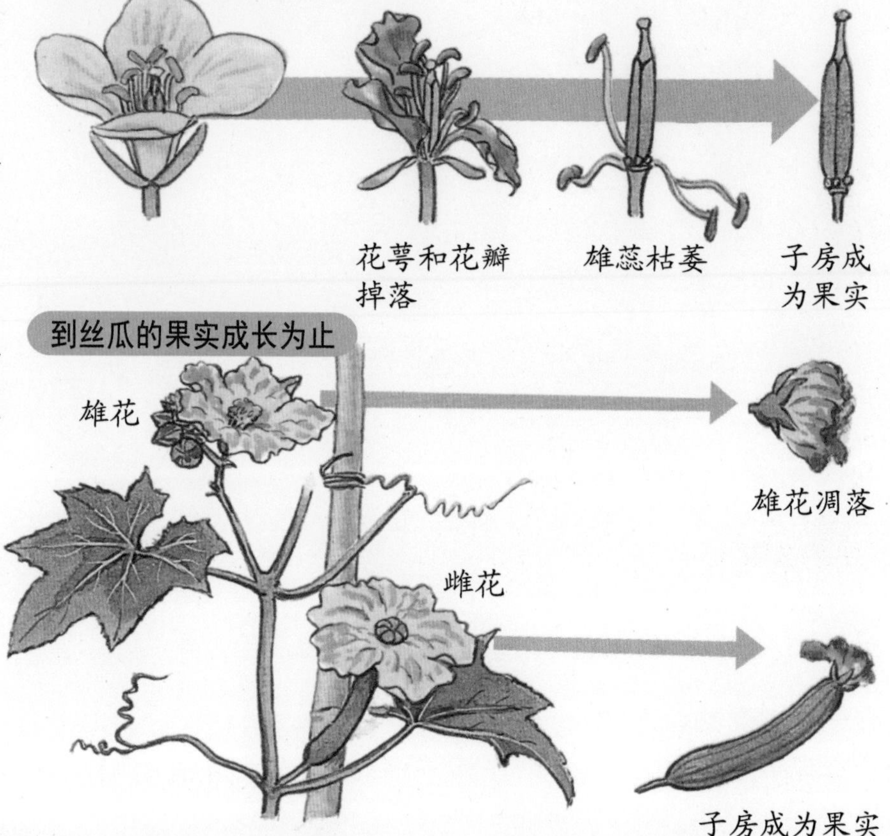

观察 观察黄瓜的雄蕊和雌蕊。

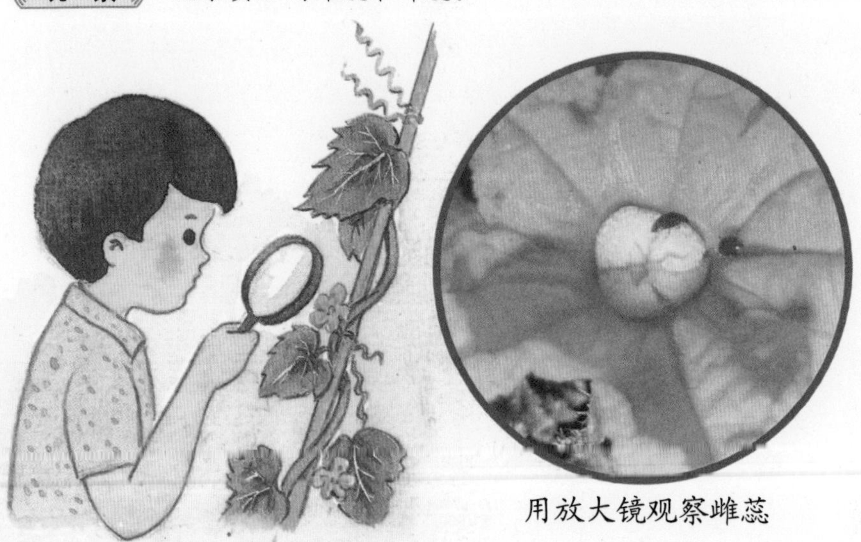

用放大镜观察雌蕊

◈ 用手指碰触雄蕊前端的花药部分，手指会沾上黄色的粉末，这种黄色粉末叫作花粉，花粉在袋状的花药中形成。花开之后，花药会散出花粉来。用手指碰触雌蕊前端的柱头部分，手指会有黏黏的感觉。用放大镜观察的话，会发现柱头的黏稠部分有着许多和花粉相同的黄色粉末。

观 察 用显微镜观察黄瓜的花粉和雌蕊的柱头。

黄瓜

雄蕊

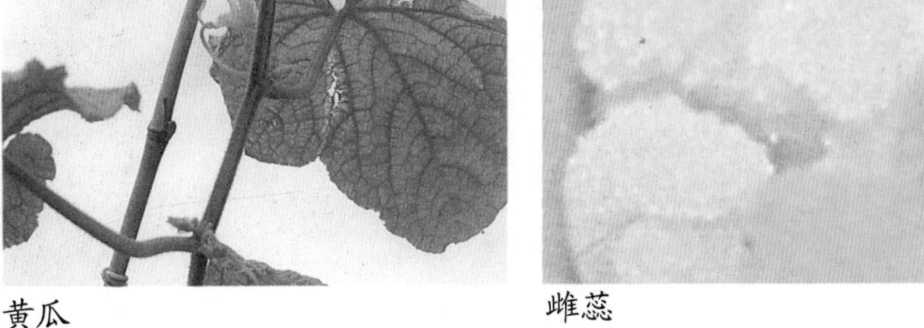

雌蕊

◆ 用显微镜观察黄瓜的花粉，可以见到许多黄色的粒状物，而雌蕊的柱头也有许多类似花粉的粉末。其他黄瓜的雌花柱头部分也有和雄蕊花粉相同的粉末。换句话说，雄蕊的花粉和雌蕊柱头上的粉状物质相同。

要点说明 油菜或黄瓜的雌花在花朵凋谢后，子房会长大成为果实，但是，油菜的雄蕊或黄瓜的雄花却在这之前便已枯萎，不会成为果实。然而，在结果之前，雄蕊的花粉会附着在雌蕊的柱头上。

进阶指南

花粉的玻片制作方法

处理花粉时必须小心谨慎，否则花粉极易变形，所以在制作花粉的玻片时也要特别留意。用显微镜观察玻片时，可以自低倍率慢慢地调向高倍率。

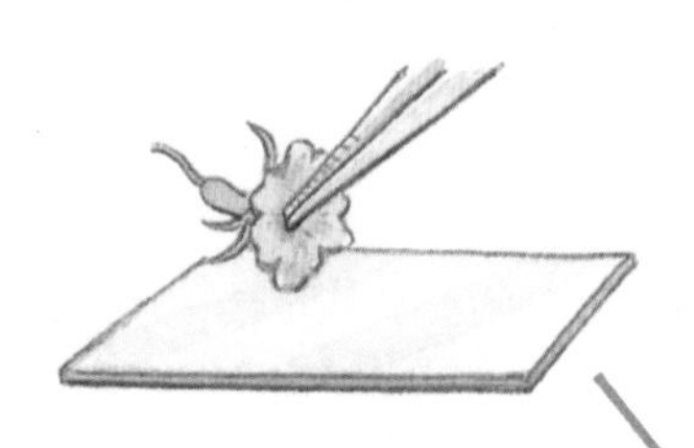

❶用镊子小心地剥弄，让花粉轻轻地落在玻璃片上。

有些花粉在加水后会吸收水分而变形，所以在这种情况下不需要加水，用另一玻璃片盖上即可。

❷用另一块玻璃片轻轻盖上。（也可以先滴一滴浓度约 10% 的砂糖水）。

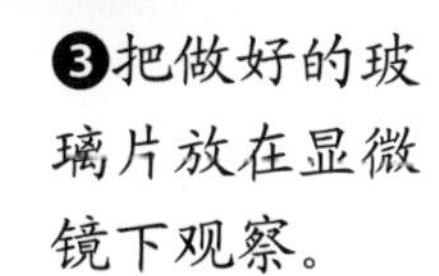

❸把做好的玻璃片放在显微镜下观察。

观察　观察百合花的雌蕊上是不是沾有雄蕊的花粉。

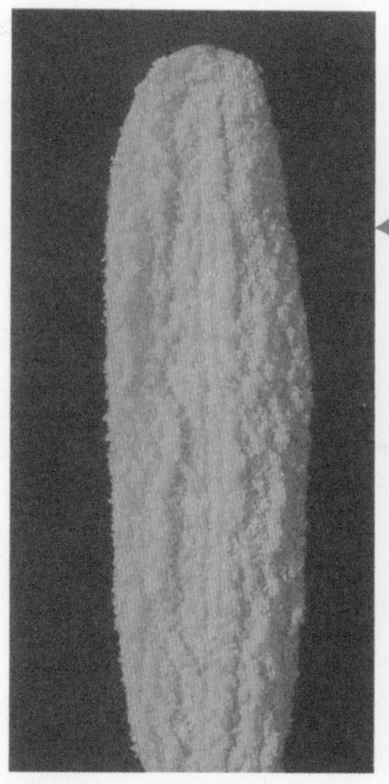
雄蕊

百合花

雌蕊

用手指碰触百合花雄蕊的前端，手指会沾上花粉。如果用手指碰触雌蕊前端的柱头，则会有黏黏的感觉。若用显微镜观察花粉，会发现花粉为橙色，形状为圆形，而雌蕊柱头上的物质也和花粉相同。

由实验得知，黄瓜或百合花雌蕊柱头上的物质和雄蕊的花粉相同，这一点和果实的形成似乎有某种关联。

进阶指南

玫瑰花的花瓣

1朵玫瑰花是由许多片花瓣构成的。雄蕊和雌蕊包在花瓣的最里边。把花瓣从外围一片片取下来排好，外围的花瓣较大，越内侧的花瓣越小。

玫瑰花

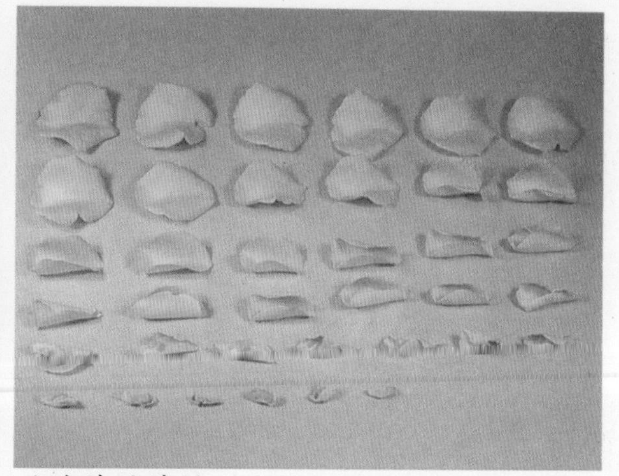
玫瑰花的花瓣

◉各种颜色和形状的花粉

透过显微镜观察可以发现，黄瓜雄蕊的花粉呈淡黄色，形状为圆形，花粉的数量很多；而百合花的花粉呈橙色，形状也是圆形。

花粉的颜色依据花的种类稍有不同。花粉的形状繁多，例如有球形、椭圆形、橄榄球形，有些花粉的表面呈网状，有些表面为棘状或凹凸状。

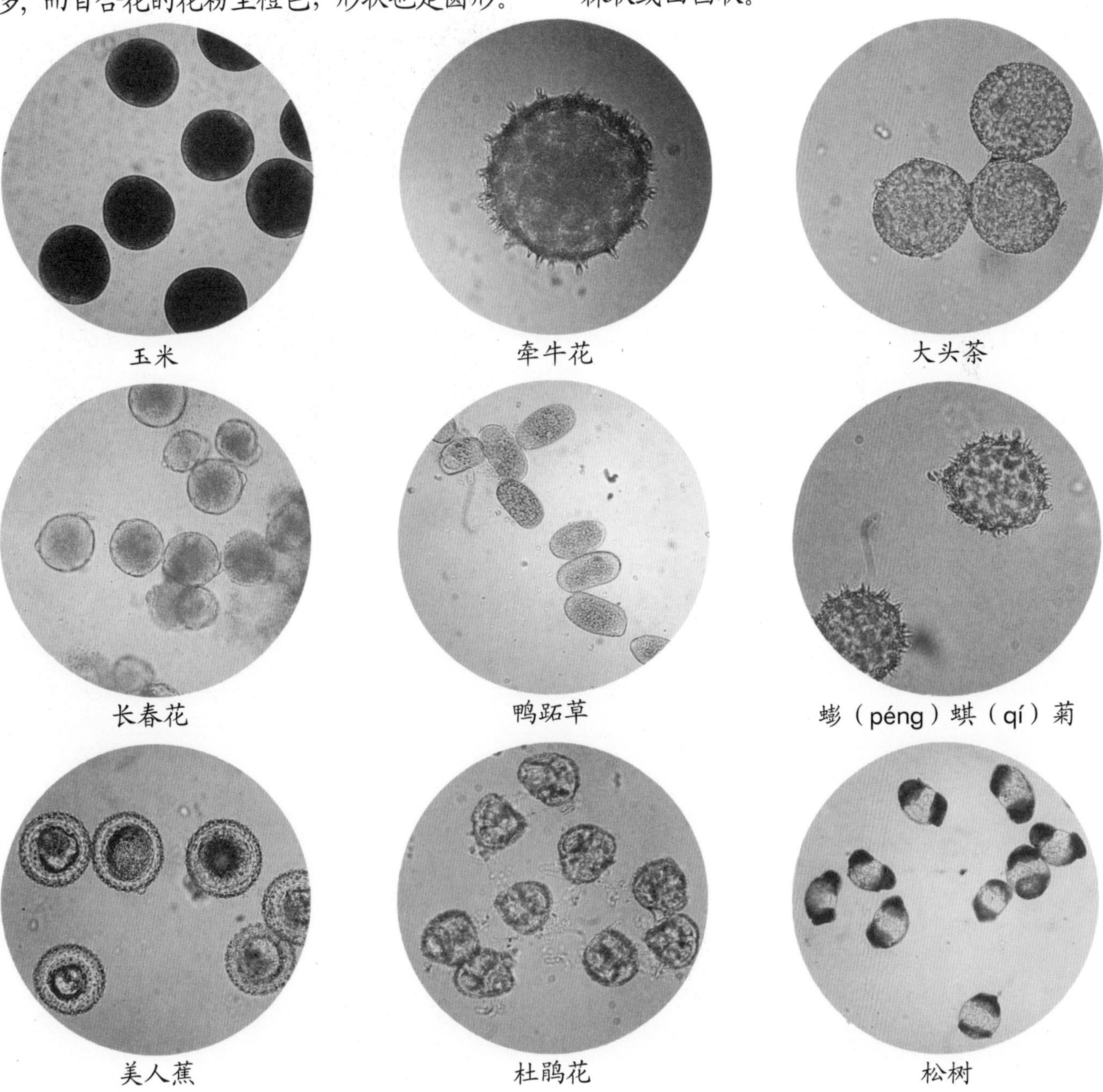

玉米　牵牛花　大头茶

长春花　鸭跖草　蟛（péng）蜞（qí）菊

美人蕉　杜鹃花　松树

要点说明

雌蕊的柱头上沾有雄蕊的花粉，这一点和果实的形成似乎有某种关联。花粉的颜色和形状随着花的种类而稍有不同。

花粉的功用

牵牛花

◉雌蕊与花粉的关系

我们已经知道雌蕊的柱头上沾有雄蕊的花粉，而这一点和果实的形成似乎有某种关连。那么，到果实成长为止，花粉究竟发挥了什么样的功用？

实验 利用丝瓜的雄花和雌花观察花粉的功用。

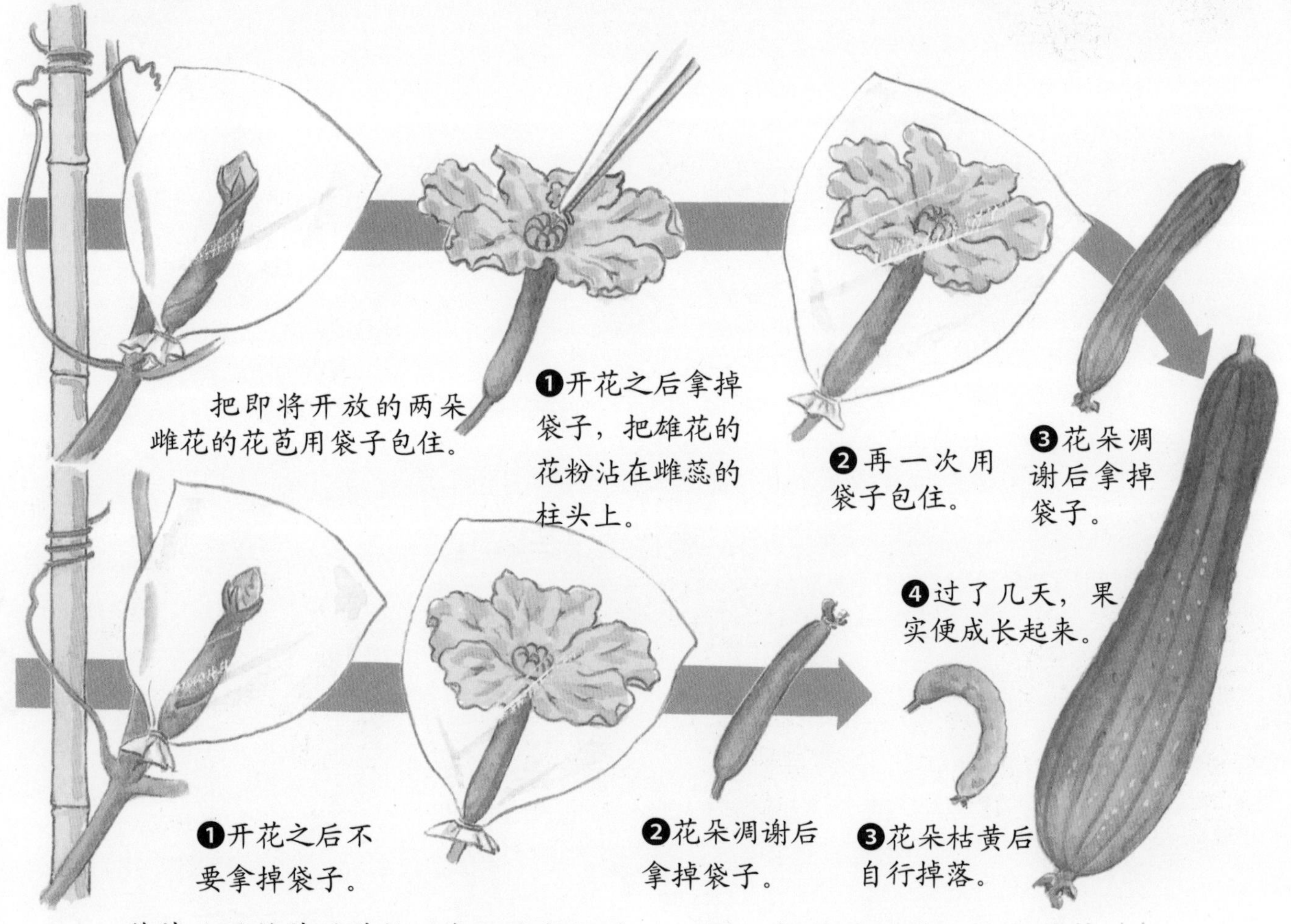

雌花沾了雄花的花粉后会迅速成长并结出果实。如果雌花没有沾上雄花的花粉，雌花会凋谢掉落，当然无法结出果实来。

◆ 把雄蕊的花粉传到雌蕊的柱头上叫作授粉。雌蕊柱头上若沾上同种花的花粉便会结成果实。

实验　在牵牛花的雌蕊上沾上其他花的花粉，看看是否会结出果实来？

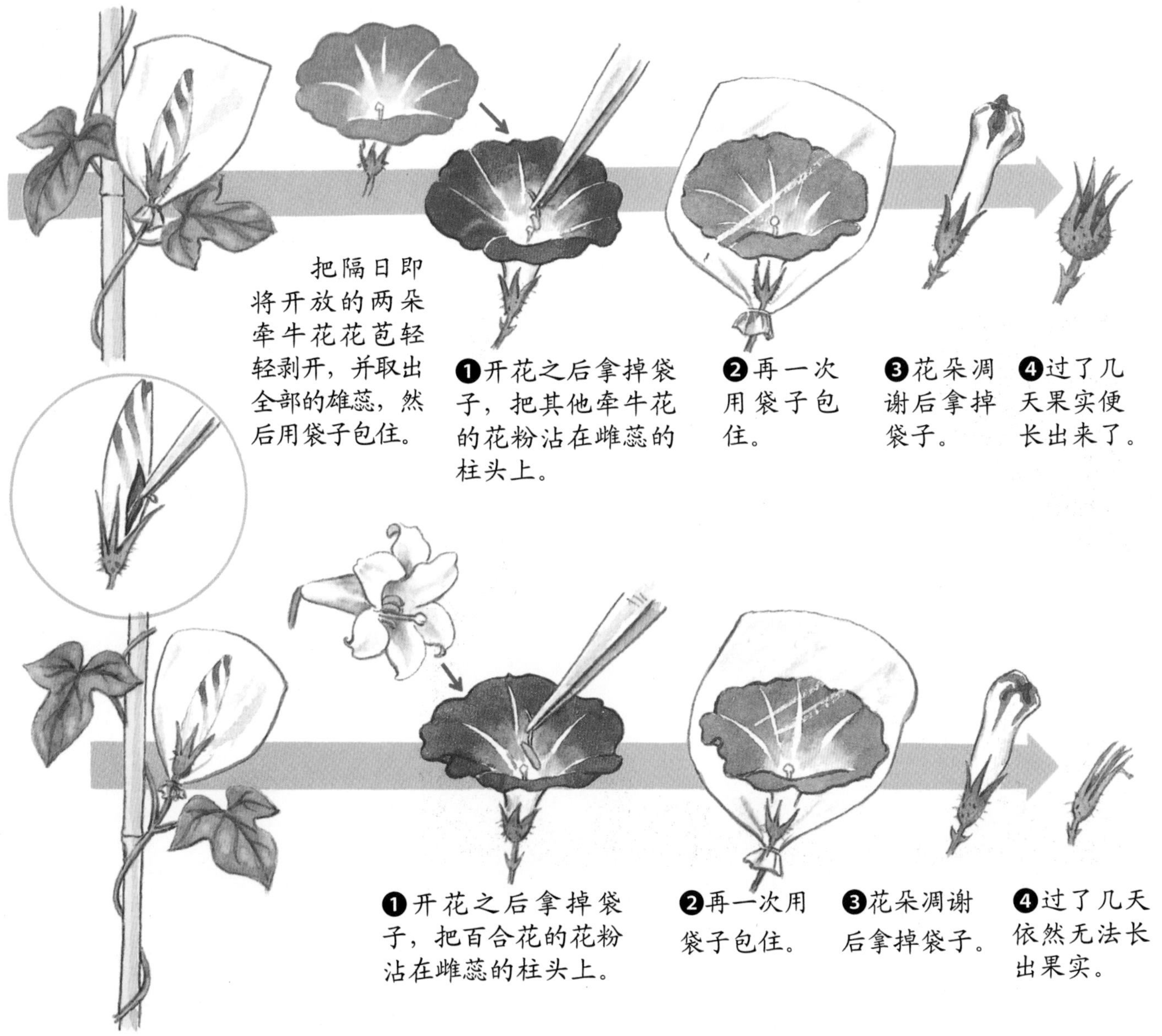

把百合等不同种类的花的花粉沾在牵牛花的雌蕊柱头上，牵牛花不会长出果实来。也就是说，牵牛花的雌蕊必须沾上牵牛花的花粉才能结出果实。

◆　授粉时，如果不是同种花的花粉便无法结成果实。因此，当牵牛花的雌蕊沾上牵牛花的花粉时，雌蕊基部的子房会长大并结成果实。

要点说明

把雄蕊的花粉传到雌蕊的柱头上叫作授粉。雌蕊沾上同种花的花粉后会结出果实。

相反地，如果沾上不同种花的花粉便无法结成果实。果实长成的现象叫作结果。

授粉时花粉的传播方式

◉由昆虫传递花粉的花

花朵结成果实必须经过授粉的阶段，而要把雄蕊的花粉传到雌蕊的柱头，又须经过传播花粉的过程。想想看，昆虫经常在花间来回飞舞，是不是和传播花粉有关呢？

实　验　观察丝瓜花朵上昆虫的虫体。

在丝瓜花上吸蜜的台湾纹白蝶

食蚜蝇、蜜蜂或蝴蝶等昆虫经常会飞到丝瓜的花朵上停留。

◆　仔细观察这些昆虫，可以发现它们的虫体或脚上经常沾满花粉，这些花粉会被运送到其他花朵上。

进阶指南

水生花朵的授粉方式

水生植物苦草的雄株花枝在水中折断后，会漂到水面然后开花，花粉在水中漂流并传给雌花而达到授粉的目的。此外，金鱼藻的雄蕊也在水中散播花粉并传到雌蕊的柱头上。

这些用水作为媒介来传递花粉的花叫作水媒花。

苦草的雄花在水面上漂流，花粉也随之四处传播。

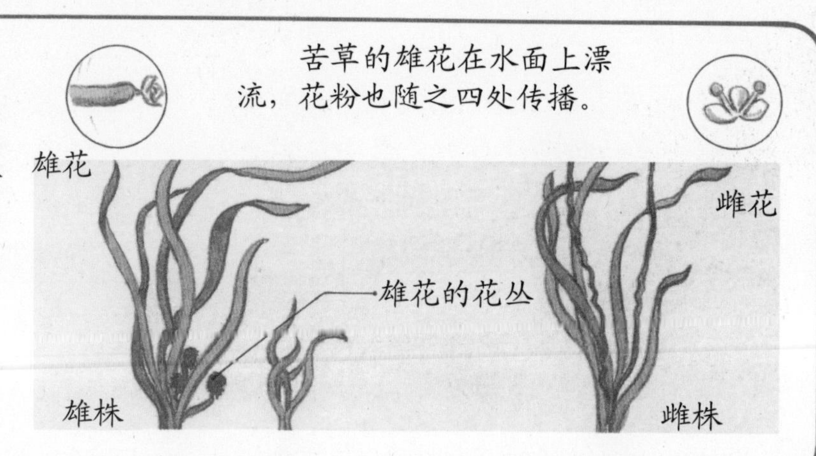

油菜、南瓜、紫云英及百合等植物的花朵具有迷人的香气或醒目的花瓣，所以蝴蝶或其他昆虫经常在这些植物的花间飞舞。昆虫被花朵的香味和美丽的颜色吸引后，会飞到花朵上吸食雌蕊基部的花蜜，并收集花粉，而花粉会沾附在昆虫的虫体上。花粉有各式各样的形状，松叶牡丹等的花粉呈球形，表面上还有棘状的物质，可以让花粉轻易地附着在虫体上。

昆虫在花间飞舞的时候，沾在身上的花粉传到其他花朵的雌蕊柱头上，而达到授粉的目的。雌蕊柱头的功用是可以让花粉轻易地附着在雌蕊上。

花朵分泌花蜜给昆虫食用，而昆虫替花朵传送花粉，这些花朵和昆虫是最佳的配合。像这样，利用昆虫作为媒介来传递花粉的花叫作虫媒花，大多数的花是虫媒花。

野蔷薇花上的花虻

火筒树上的大白斑蝶

野牡丹花上的蜂

曼陀罗花上的蜂

牵牛花上的蜂

要点说明

丝瓜等植物的花朵具有迷人的香味或美丽的颜色，所以可以吸引昆虫。当昆虫停落在雄蕊上时，虫体或脚部会沾上花粉，然后昆虫飞往其他花朵，并将身上的花粉传送到其他花朵的雌蕊柱头上。这种以昆虫作为媒介来传递花粉的花叫作虫媒花，大多数的花是虫媒花。

玉米田

由风传播花粉的花

玉米或芒草的花朵既没有鲜艳的花瓣，也没有迷人的香味，所以无法吸引昆虫前来。那么，这些植物的花粉是如何传递的呢？

实验 在玉米的雄花旁边放置透明胶带，然后观察花粉的传播方式。

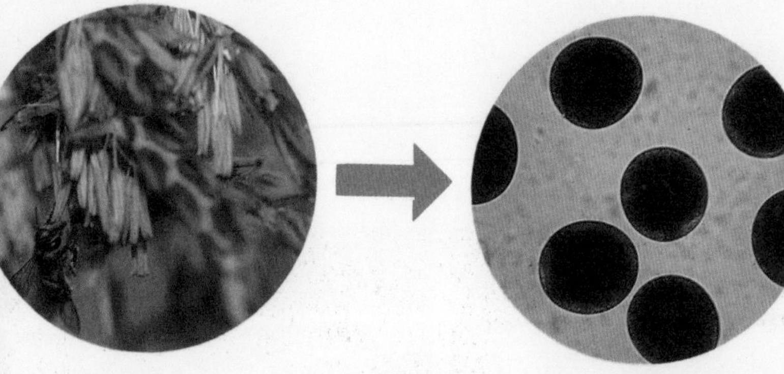

风吹之后，用放大镜或显微镜进行观察，可以发现透明胶带上沾着玉米的花粉。

◆ 由此我们得知，玉米的花粉是经由风来传播的。

玉米、芒草、松及银杏等的花朵，并不像油菜或丝瓜的花朵具有迷人的香气与醒目的颜色，但是却可经由风来传播花粉。例如芒草的花粉呈球形，表面上有许多凹凸的地方，重量比虫媒花的花粉轻，所以可以随风飘送。此外，这些外表不吸引昆虫的植物的雌蕊柱头上有毛状的东西，而且柱头的面积大，花粉很容易附着在上面。这种以风为媒介来传递花粉的花叫作风媒花。

芒草（左）和芒草花（右）

要点说明 玉米、芒草等花朵的雄蕊花粉会随风飘至雌蕊的柱头上，这种经由风为媒介来传送花粉的花叫作风媒花。

整理——授粉和结实

各种花的构造

油菜或牵牛花的花朵均有数片花萼和花瓣，另外还有数根雄蕊和1根雌蕊。此外，有些花的雌蕊和雄蕊分别长在不同的花朵上，例如南瓜或丝瓜的花分为雄花与雌花2种，雄蕊长在雄花上，雌蕊则长在雌花上。

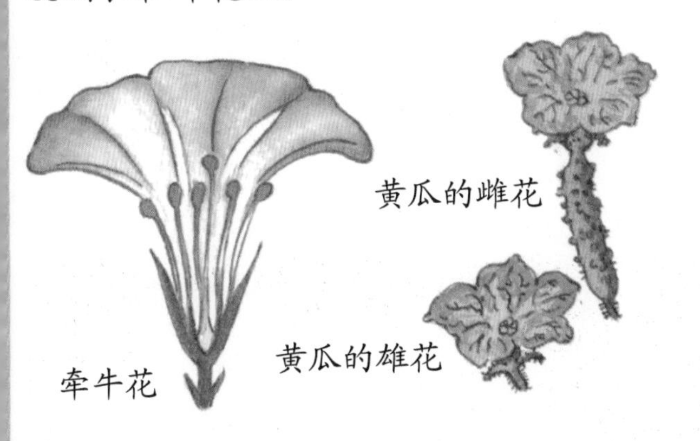

能结果的花与不能结果的花

油菜或丝瓜的雌花凋谢后，子房会长大成为果实，但雄花本身并无雌蕊，所以雄花不会结成果实。如果在结成果实之前观察雌蕊的柱头，可以发现柱头上沾着的物质和雄蕊花药中的花粉相同。因为花的种类很多，花粉的色彩或形状也各不相同。

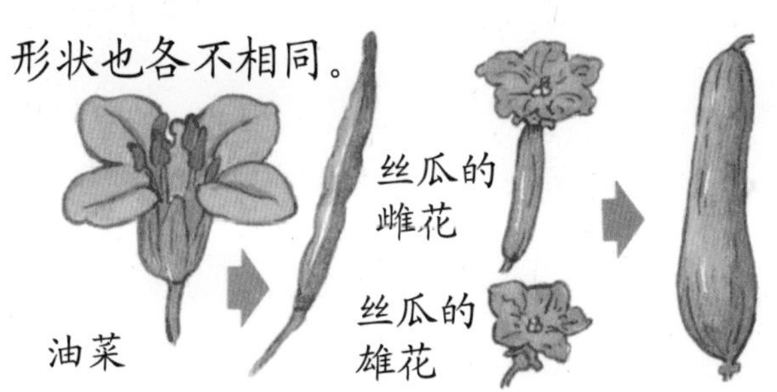

花粉的功用

把雄蕊的花粉传到雌蕊的柱头上叫作授粉，授粉后不久会结出果实来，果实长成便叫作结果。但是，如果雌蕊柱头所沾的花粉是来自不同种花的雄蕊，花朵将不能结出果实。

把同种花的花粉沾在雌蕊上会结出果实

把不同种花的花粉沾在雌蕊上并不会结出果实

授粉时花粉的传播方式

油菜或丝瓜的雄蕊花粉会沾附在昆虫的虫体或脚上，然后传递到雌蕊的柱头上，这种花被称为虫媒花。

而玉米、芒等花朵的雄蕊花粉会随风飘送到雌蕊的柱头上，这种花也被称为风媒花。

紫云英和蜜蜂

随风飘摇的芒草

4 季节与植物

春　季

校园里的花草树木

四月来临了，校园里的各种花朵陆续绽放。

仔细观察草木，可以发现草木间冒出了许多新芽，新芽长出后会慢慢地长出新的叶片，而茎也会跟着伸展开来。

现在让我们一起来观察四周的花草树木，看看这些植物在春天降临后如何慢慢地生长。

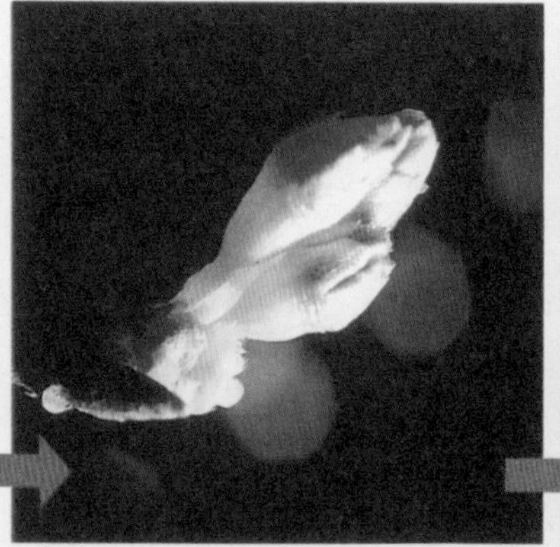

樱花的开花过程　　坚硬的花苞慢慢地开放，然后绽放出美丽的花朵

杜鹃花的开花过程

学习重点

❶在春、夏的温暖季节里，植物会迅速地生长。相反地，到了秋天或冬天，有些植物的叶片会纷纷掉落，有些植物的茎叶会慢慢枯萎，并以冬芽或地下根的形态度过寒冷的季节。

❷植物的生长和空气的温度及土壤的温度均有关系。

树木的生长情形

春暖花开的季节，鸡爪槭不甘寂寞地开出玲珑小巧的花朵；九芎则开始长出鲜嫩的新叶。你看，棕榈科的棍棒椰子、黄椰子也纷纷加入开花的行列了！

花草的生长情形

草地上的大车前草抽出花穗，通泉草以成片的紫色小花迎接春天，围墙边冇（mǎo）骨消的白色花，吸引来了许许多多爱采蜜的昆虫。而属于灌木的观赏植物杜鹃花，从三月起就开始绽放颜色多变化的花朵，点缀着校园的每一个角落。另外，在春季里可以开始播种向日葵或者大波斯菊，这些植物都会在夏秋时节开花。

鸡爪槭的花

冇骨消的花

◉山野中的花草树木

在山野中，花草树木的生长情形究竟如何呢？我们可以先选定一棵芒草或贼仔树来做详细的观察，看看这些植物的生长变化情形。

草木的生长情形

春天时，贼仔树等树木的新芽开始生长，叶片也逐渐茂密起来。芒草的叶片也开始伸展，但是有些茎依旧是枯萎的。此外，田里的油菜等植物都在温暖的气候里迅速地长大。

◉温度的情形

试试看，利用温度计量一量空气的温度。把测得的温度记录在笔记本里，以后查阅时比较方便。春天一到，气温会明显地上升。气温一天比一天暖和，万物都在这个时候开始生长。

李子花

桃花

野当归的花

油菜的花

◎记录的方法

随着春、夏、秋、冬四季的更替，花草树木的样子也各不相同。如果没有把每个季节的变化情形记录下来，便无法比较植物的生长情形。

记录的方法

记录的方法很多，不论用什么方法记录，必须清楚地写下记录的时间、植物的名称、植物的生长情形等细节。另外，画出植物的简单图形也是很好的记录方法。

用卡片做记录

做记录时可以把数据写在笔记簿里或写在卡片上，把大张的图画纸等分成数小张便可做成卡片。卡片的大小约像明信片一般大，不论记录的季节或植物是否相同，卡片的大小应该永远不变，这样才方便处理。

在卡片上做记录

卡片的整理方式

在笔记簿上做记录

梅雨季节

◉ 校园里的花草树木

鸡爪槭的叶片也绿油油地伸展开来。此外，大车前草长出果实，凤仙花也迅速地生长，向日葵的叶片越长越茂盛，棍棒椰子则果实累累。

棍棒椰子

大车前草、花与果实

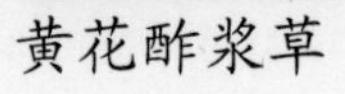

黄花酢浆草

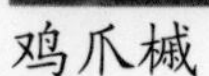

鸡爪槭

开花后的樱树

山野中的花草树木

到了梅雨时节，树木的叶片相当茂盛。紫花霍香、白花霍香纷纷开花。在这个时候，马铃薯的茎已枯萎，可以采收薯块。

白花霍香

马铃薯

温度的情形

因为经常下雨，气温并不太高。

羊蹄的果实

刚播种的秧苗

桃的果实

夏季

◎校园里的花草树木

夏季来临时，樱花的树枝继续迅速地伸展，叶片也生机盎然地生长，其他树木的树叶也很茂盛，九芎开始开花，鸡爪槭的果实出现了。花圃里各种大小不同的草本花都相继开放。另外，冇骨消也开始开花、结果。

冇骨消的花

含笑花

鸡爪槭的新叶

九芎的花

山野中的花草树木

野当归已经开花、结果，田地里的农作物也快速地生长。另外，许多属于夏季的花朵都逐渐地开放。

温度的情形

夏季的气温偏高，白天的气温常会高达30℃以上，晚上的气温也高达25℃左右。

向日葵

黄瓜

鸭跖草

野当归的花

贼仔树

秋季

◉校园里的花草树木

入秋以后，鸡爪槭的叶片开始变色。随着树木的不同，各种树叶的颜色变化和掉落时间都不一样。此外，花圃里的菊花已经绽放，山茶却只露出花苞。向日葵或凤仙花都已经开始结出种子。

有骨消的果实

菊花

瓜叶菊

鸡爪槭的叶片已经变红

九芎的红叶

山野中的花草树木

树叶变黄后开始陆续掉落到地面，芒草的穗子一天天地伸长。田里的稻子已经收割，菜圃里的萝卜或油菜的绿叶正迅速地成长，野当归结了许多果实，果实都已成熟。

向日葵

温度的情形

夏季非常炎热，但秋天的气温却凉爽了许多。

五节芒

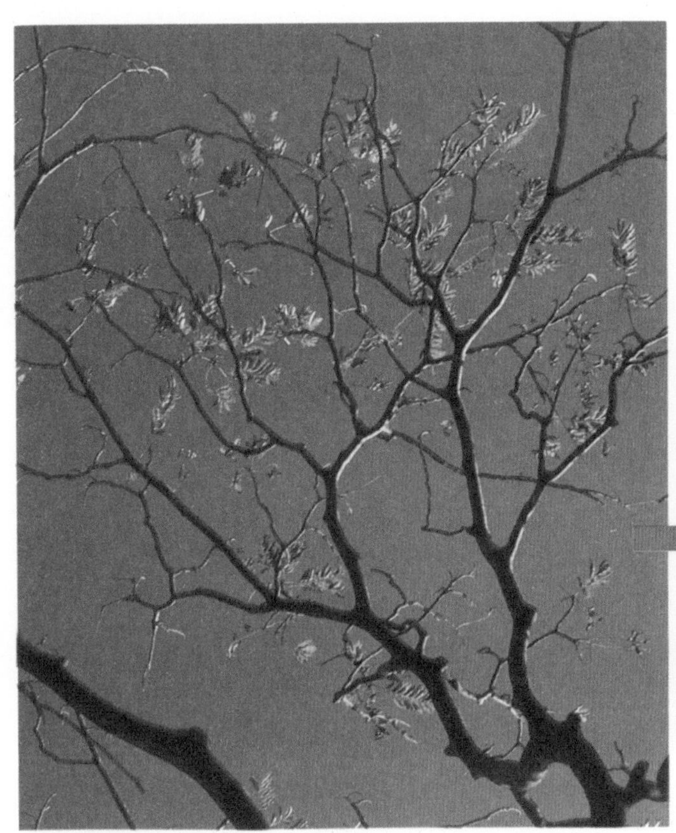

贼仔树的叶片变黄、掉落

冬季

校园里的花草树木

冬天降临后，九芎的树叶已经全部掉落，鸡爪槭叶片变成艳丽的黄红色。菊花的根部附近也长出了小芽。

有骨消的果实

落地生根花

水仙花

梅花

鸡爪槭

落叶后的九芎

山野中的花草树木

贼仔树的叶片开始掉落，树枝在寒冷的气候中并没有伸展，枝上有一些成熟的果实。芒草的叶片或穗子已经完全枯萎，地面还残留着短茎。此外，有些草是以种子或芽的形态度过寒冷的冬天。

温度的情形

天气寒冷，白天的温度依旧不高。

雪中的大车前草

莲生桂子花果实

金枣

茄子

贼仔树的果实

野当归的果实

芒草

丝瓜的生长方式

先进行播种的工作，然后观察发芽的情形以及花朵或果实的生长情形。每天记得在一定的时刻（上午9点或下午2点）观察空气和土壤的温度，并将观察结果记录下来，如此即可得知丝瓜的生长情形。

◉播种

种子通常是在春天的时候开始播种。播种的方式如下：

❶把土壤挖得深一些，并在底下施放充足的肥料。

❷在肥料的上方覆盖15至20厘米深的土壤，然后播种，并在种子上覆盖1~2厘米深的土壤。

❸必须常常浇水保持土壤的潮湿。

长出初叶的丝瓜

丝瓜的生长情形

（下列的度数都是代表上午9点的温度）

日期	土壤的温度	空气的温度
4月20日	18℃	17℃
4月27日	19℃	18℃
4月28日	19℃	18℃
4月29日	20℃	18℃

生长的情形

播种的土壤必须保持潮湿，因此要记得随时浇水并细心照顾。不久，带着种皮的子叶会自土壤中冒出。

种皮脱落后，子叶便伸展开来，子叶的叶肉很厚，形状为圆形，色泽很油亮。

接着，在子叶的中间会长出一片初叶，当初叶增加为两三片时，茎也开始伸展。

初叶增加为五片时，初叶的叶柄会长出卷须，这种卷须会缠绕在其他的物体上。

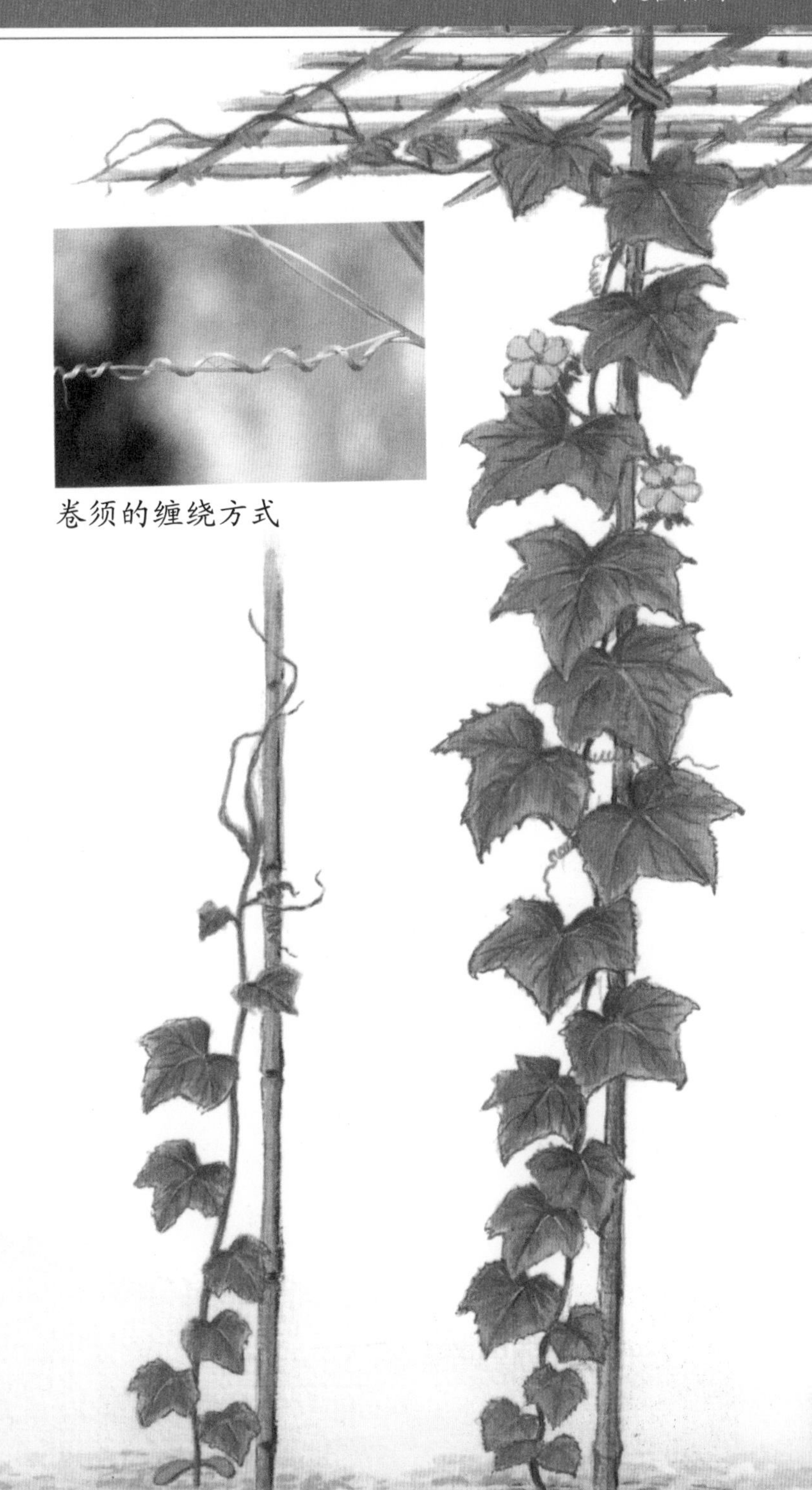

卷须的缠绕方式

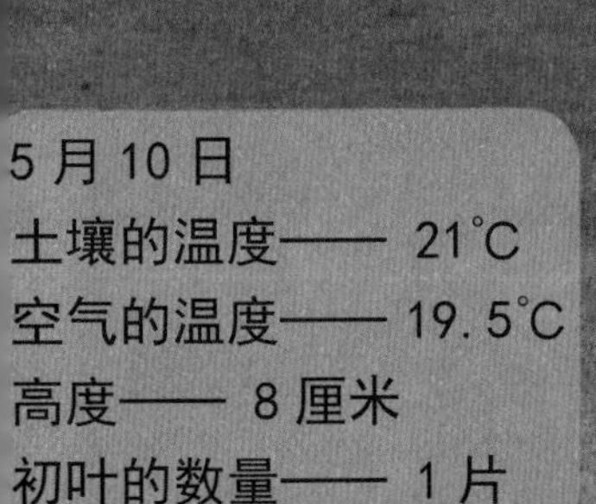

5月10日
土壤的温度—— 21℃
空气的温度—— 19.5℃
高度—— 8厘米
初叶的数量—— 1片

5月25日
土壤的温度—— 22℃
空气的温度—— 20℃
高度—— 20厘米
初叶的数量—— 4片

6月10日
土壤的温度—— 24℃
空气的温度—— 22℃
高度—— 60厘米
初叶的数量—— 8片

7月5日
土壤的温度—— 28℃
空气的温度—— 26℃
高度—— 280厘米
初叶的数量—— 20片

茎的伸展情形

直到梅雨期结束，丝瓜的茎依旧伸展得很慢。但进入 7 月之后，因为气温升高，茎会迅速地成长。

由右图可以得知，丝瓜的生长情形和土壤的温度及四周的气温有着很密切的关系。

茎的长度和气温的关系

茎的长度（cm）：0、50、100、150、200、250、300、350

温度（上午 9 点钟）（℃）：0、5、10、15、20、25、30、35

土壤的温度

空气的温度

4 月 27 日　28 日　29 日　5 月 10 日　25 日　6 月 10 日　7 月 5 日

花朵的样子

丝瓜会开出 2 种不同形状的花朵，1 种是雌花，1 种是雄花。雌花花萼的下面会鼓起，雄花花萼的下面不会鼓起。两种花的前端都分裂成 5 瓣，花萼的数目也是 5 片。

丝瓜的雄花（左）和雌花（右）

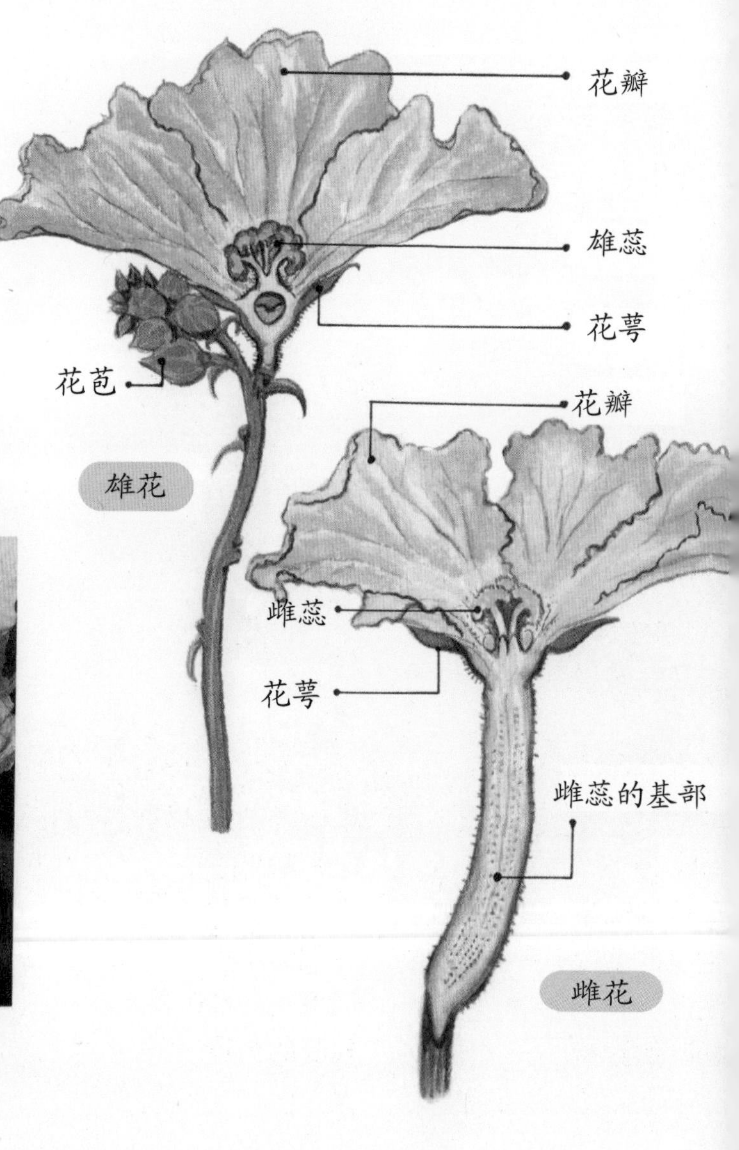

◉果实的样子

雌花的雌蕊基部会慢慢鼓起，最后长大成为丝瓜的果实，果实一天天长大后会往下垂。

果实生长到某个程度时，便开始趋于成熟，成熟果实中有许多筋和黑色的种子。

果实的成长情形

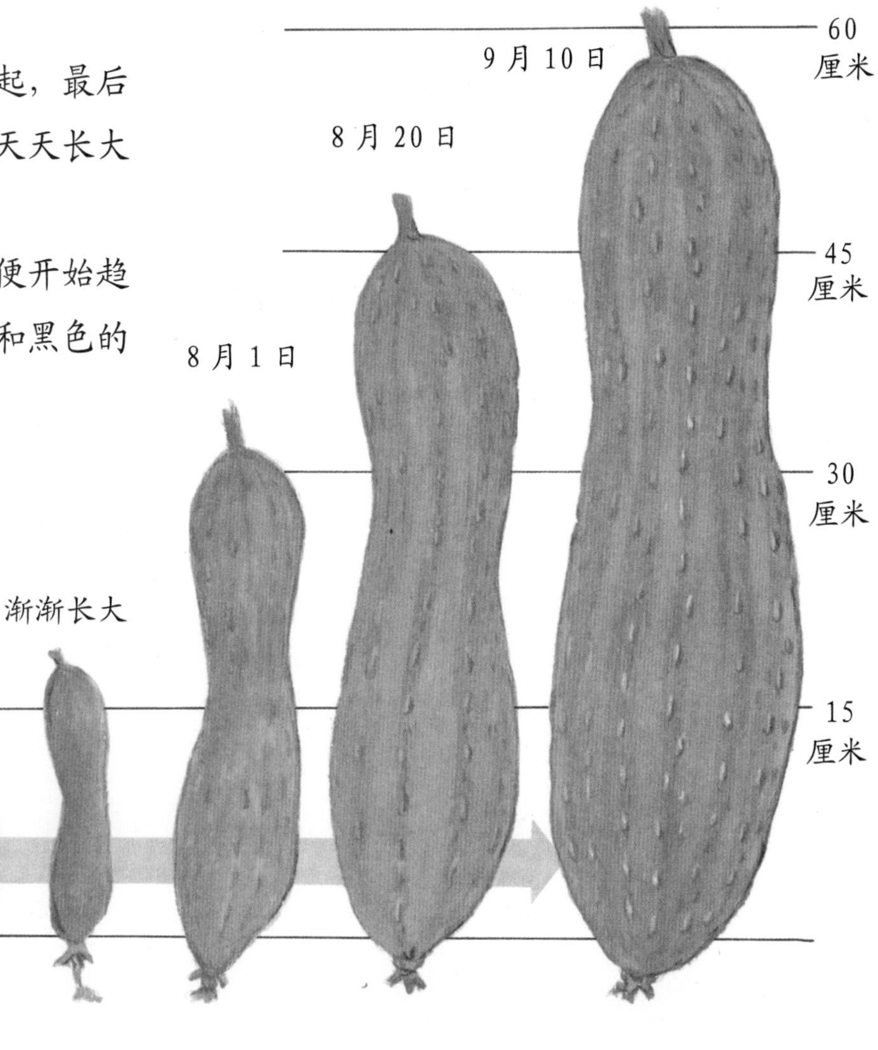

嫩果实

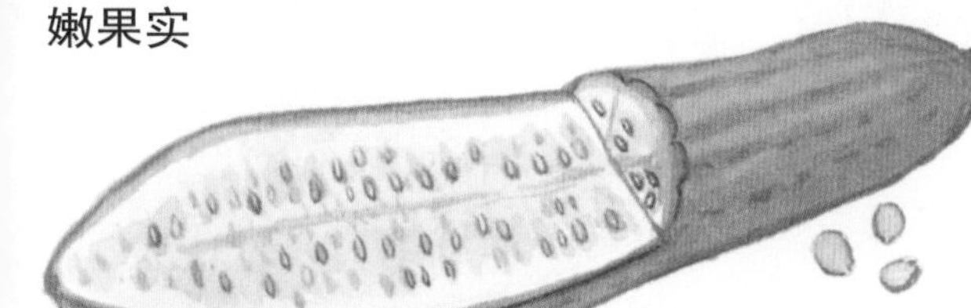

❶皮呈绿色，果实相当柔软。
❷拿在手上感觉很重。
❸果实里面为白色，筋不明显，但水分很多。
❹种子呈白色，质地柔软。

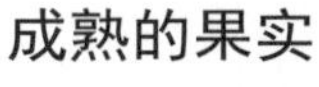

成熟的果实

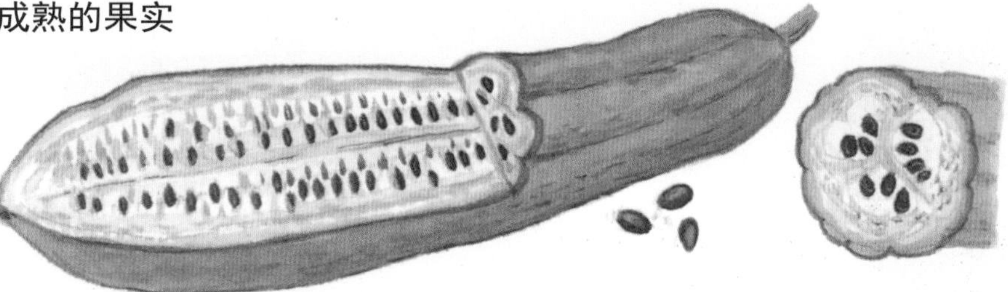

❶皮呈黄色，果实较硬。
❷果实较大，但重量较轻。
❸果实中的筋变硬，所以较为明显。水分很少。
❹种子呈黑色，质地坚硬。

5 球根的种植

球根的形状和种植方法

让我们一起来种植球根，并等待春天时球根开花。

球根的形状像什么？应该怎么种植才好呢？

球根的外形

郁金香　风信子

侧面

底面

球根的内部

郁金香的剖面图

发芽的部位

开花的部位

花茎的部位

生根的部位

种植前的准备工作

把花圃的泥土翻松，并准备几个花盆。

给家长的话

学校或家里若有空地，可以组织孩子种植郁金香的球根。如果秋天种植球根，来年的春天便可开始观察花朵。同时，父母也可以指导孩子从事球根的种植，并进行一系列的观察。

种植之前必须准备花盆并将花圃的泥土翻松，低龄的孩童或许无法自行处理，必要时父母不妨从旁协助。郁金香的盆栽和牵牛花一样，必须注意排水的畅通。此外，种植的深度、球根的方向等都是应该注意的事项，家长可以在一旁进行必要的指导。

球根的种植方向

不论哪一种球根，种植时必须让发芽的一端朝上。不可以侧面朝上，也不可以底面朝上，一定要确定方向后再种植。

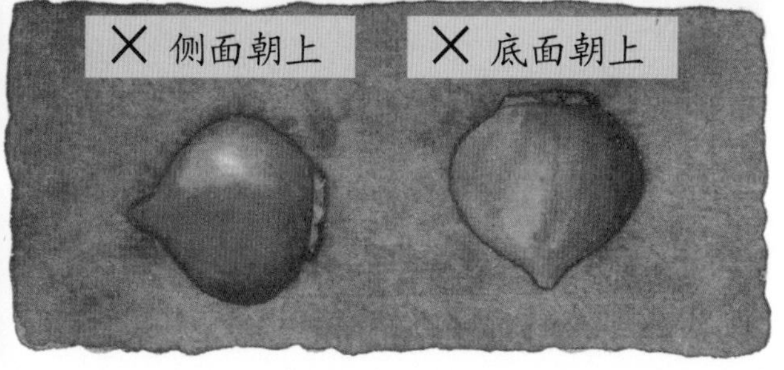

种植的深度和宽度

用花盆种植时，必须种得浅些，这样根部才能够好好地伸展。

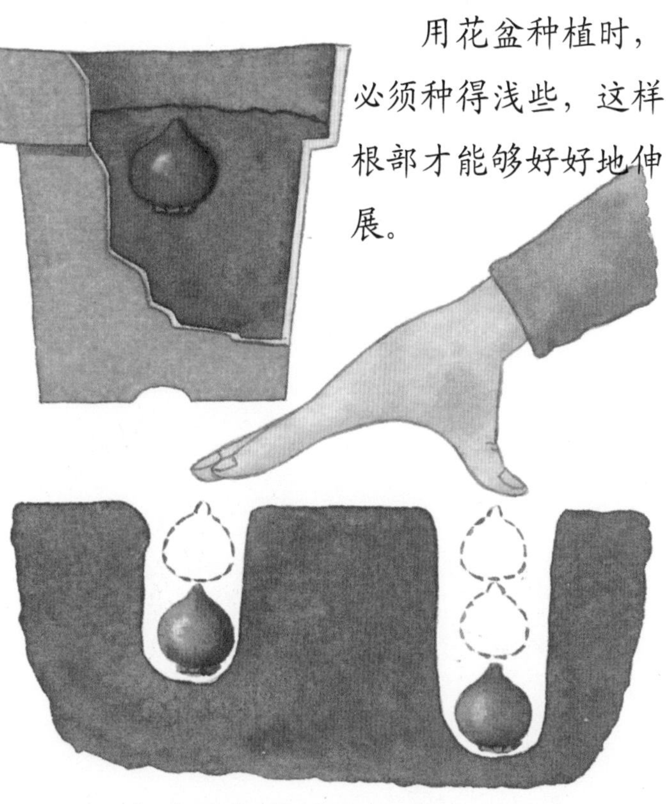

在花圃中种植时，种植的深度大约是球根大小的2倍或3倍。

发芽之前

◉ 浇水的方法

球根刚开始发芽时，生长得很慢。但是，泥土里的根部却朝四周长长地伸展。不久之后，叶子会慢慢地长出来。

给家长的话

球根的根部在冬季时也会迅速地生长，除了吸收水分外，球根会利用本身的养分来供应花和叶的生长所需。用土壤种植时无法直接观察根部的生长情形，如果改用水来栽培，便可以看出根的生长情形，由此可以推测根部在泥土中的生长状况。

利用花圃或花盆种植时，必须等到春天才会迅速生长。反之，用水栽培并置于温暖的室内，冬季便可开花。如果希望球根开出美丽的花朵，必须先让球根在阴冷的地方充分地生根，然后再移往室内。

◉ 放置花盆的场所和种植的位置

利用花盆种植时，必须把花盆放在屋外。如果种植在花圃中，必须挑选日照良好的地方。

如果直接放在室内温暖的地方，将无法长出美丽的花朵。

种在日照不好的地方，也无法长出好的花朵。

◉ 球根在地面和土中的生长情况

叶片慢慢生长后，叶片和叶片的中间会长出花苞。当天气变得暖和时，花苞会迅速生长成为美丽的花朵。

9月10日　9月25日　10月10日　11月10日　12月10日　1月10日

地面的情况

土中的情况

9月10日　10月10日　1月10日

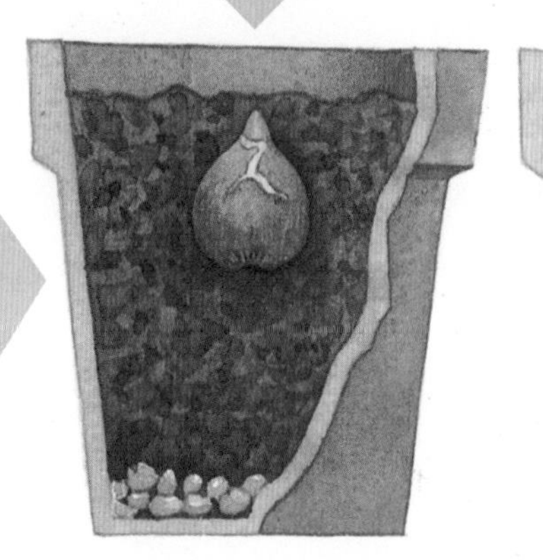

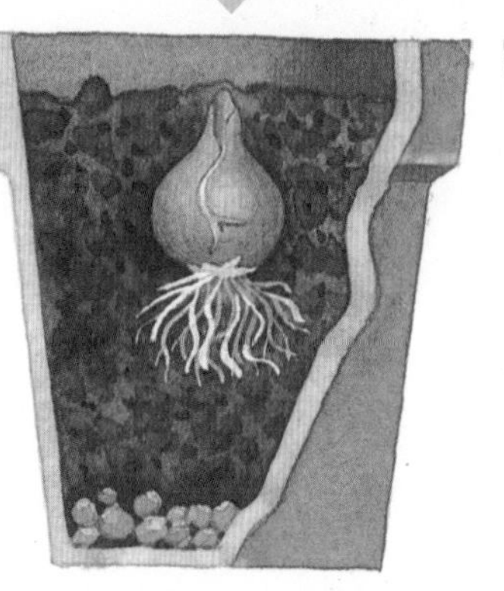

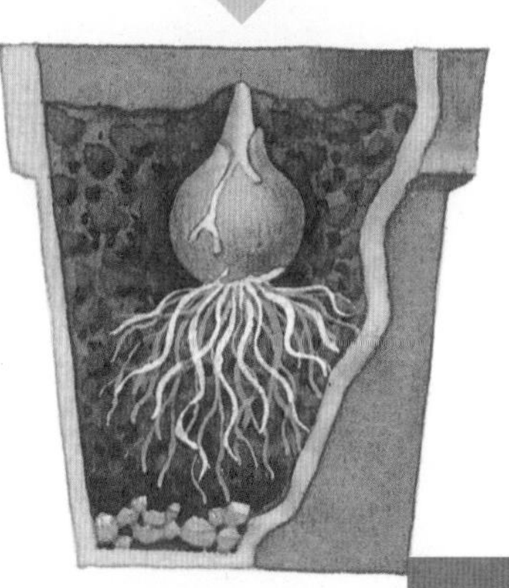

盆栽的生长情况

生长的情形

开始生长

充分地浇水，让泥土表面和泥土内部充分地吸收水分。

给家长的话

吸收适当的水分之后，球根的根部会开始伸展。种植之后到发芽，要经历较长时间，这期间的种植，关系着未来花朵的好坏。秋天种植的球根借着低温开始发芽生长，所以发芽之前最好把球根置于阴凉的场所。刚开始时可以把盆栽放在阴凉处，等到发芽时再移往日照充足的地方，如此便可长出美丽的花朵。此外，父母别忘了经常指导孩子进行观察。

小小的芽和长长伸展的根部

生长的叶片

用水栽培（风信子）

10月

11月

12月

1月

2月

等待花开

冬天时，球根的根部在泥土中依旧继续伸展。地表虽然看不出改变，但慢慢地，球根的芽会冒出地面。

长出花苞

叶片持续生长

开出花朵

花苞迅速长大

◉开花之后

花朵凋谢以后，叶片会残留下来。但是，当夏天来临时，叶片会全部枯萎。

花瓣纷纷掉落

当叶片枯萎时，泥土中又会长出新的球根。

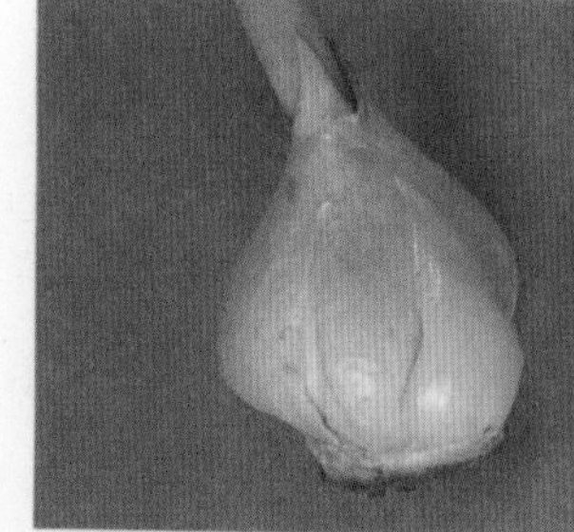

整理——球根的种植

■ 球根的形状和种植方法

球根长芽的部位和生根的部位都一定。种植的时候必须让发芽的部位朝上。用花盆种植时必须种得浅些，种在花圃中时要种得深些。

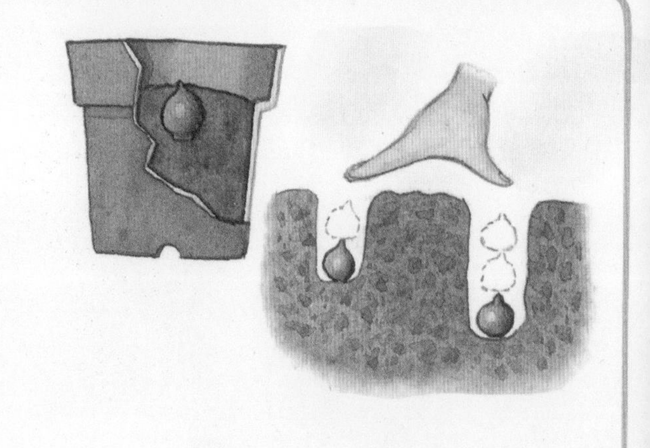

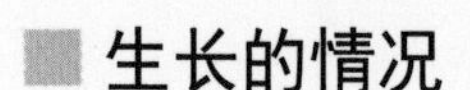

■ 生长的情况

冬季时，根部会迅速生长，但芽在刚开始时生长得很慢。等到天气变暖了以后，叶片和花茎便快速地伸展，不久之后会开出美丽的花朵。

6 挑战测试题

（1）植物的种植及功能

1 现在来做如图 1、图 2 中的实验，调查叶子的功能。请回答下列问题。

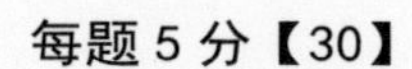
每题 5 分【30】

图 1

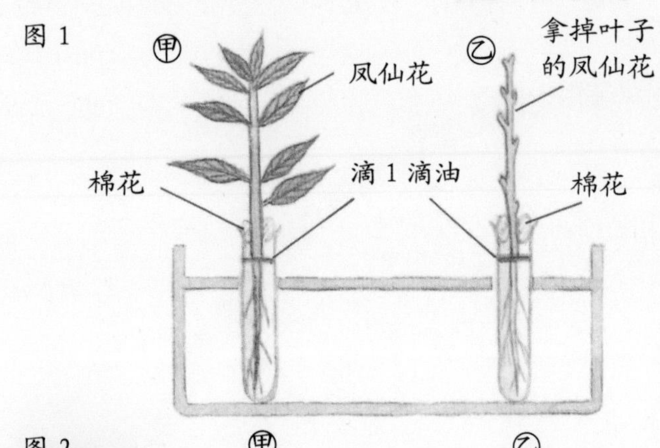

图 2

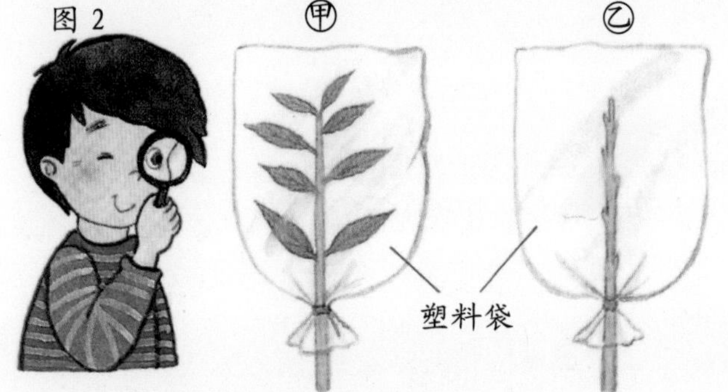

(1) 图 1、图 2 中的甲和乙各有什么不同呢？

图 1（　　　　　　　　　　　　）

图 2（　　　　　　　　　　　　）

(2) 做图 1 的实验时，有哪些条件是甲、乙都必须具备的？请写出 3 点。

①（　　　　　　　　　　　　）

②（　　　　　　　　　　　　）

③（　　　　　　　　　　　　）

(3) 从两个实验当中可以了解什么道理呢？

（　　　　　　　　　　　　）

2 如下图所示，在凤仙花的叶片表面及叶片背面，各利用胶带将石蕊试纸固定在叶片上，请回答下列问题。

每题 5 分【10】

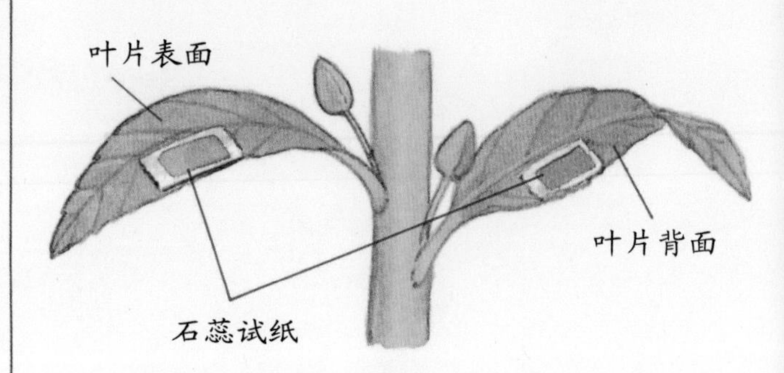

(1) 贴在叶片表面及叶片背面的石蕊试纸，哪一面会先变成红色呢？（　　　　）

①叶片表面的石蕊试纸。

②叶片背面的石蕊试纸。

(2) 从这个实验可以了解什么知识呢？（　　　　）

①叶片表面和叶片背面会蒸发同量的水。

②叶片表面会蒸发较多的水。

③叶片背面会蒸发较多的水。

3 凤仙花的叶片表面有如右图般的缝隙。请回答下列问题。

每题 5 分【10】

(1) 这种缝隙（肉眼无法看见）叫作什么呢？

（　　　　　　）

(2) 这种缝隙在叶片表面较多还是叶片背面较多呢？

（　　　　　　）

缝隙

答案 **1** (1) 图 1：甲中的水减少得较快。　图 2：甲中袋子的内侧凝结了较多的水滴。　(2) ①使用同样粗细的试管　②加入同量的水　③用大小相同的凤仙花　(3) 水分主要是由叶子蒸发出来。　**2** (1) ②　(2) ③　**3** (1) 气孔　(2) 叶片背面

4 把草从土里挖出，注意别把根弄断，土粒就如同下图所示附着在根上。这是因为土粒互相缠绕在草根如细毛般的东西之间，请回答下列问题。 每题 5 分【20】

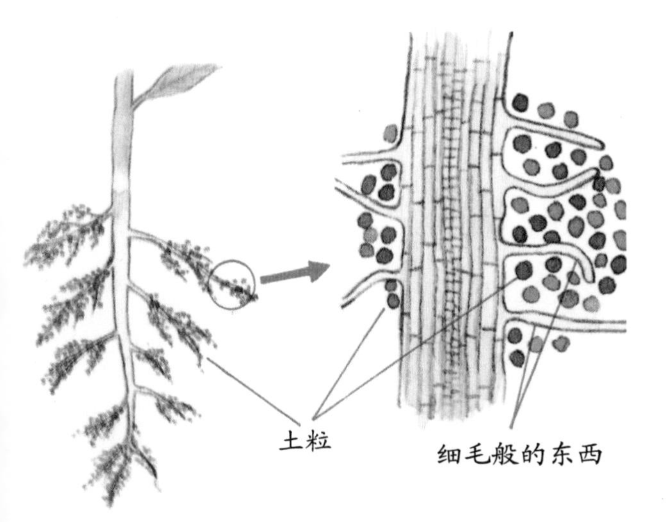

(1) 如细毛般的东西叫作什么呢？

(　　　　　　　　　　　　　　)

(2) 细毛般的东西，在下列哪个部位长得最多呢？

(　　　　　　　　　　　　　　)

①老根的根部　　　　②新根的前端

(3) 以下的叙述是关于细毛状东西的功能说明，在(　)中填入适当的文字。

这些细毛的功能是可以从土中将植物需要的(　)，以及溶于水中的(　)汲取上来，供植物使用。

5 右图是将挖出的凤仙花放在配好的红墨水中来洗掉根上泥土的情况（小心别碰坏了根）。请回答下列问题。 每题 5 分【10】

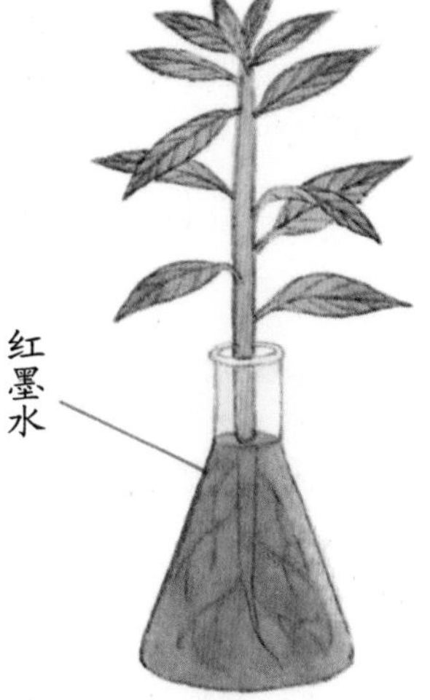

(1) 由此实验可以了解到什么呢？选出 1 个正确答案。

(　　　　　)

①红墨水中有养分。

②水分会从根部进入，然后通过茎输送到叶中。

③种植草木时，肥料是必要的。

④种植草木时，阳光是必要的。

(2) 将 (1) 中浸了红墨水的凤仙花拿来，将它的茎横切，可以发现切面上有被染红的地方。请问染红的情形应该是下图中的哪一个呢？

(　　　　　)

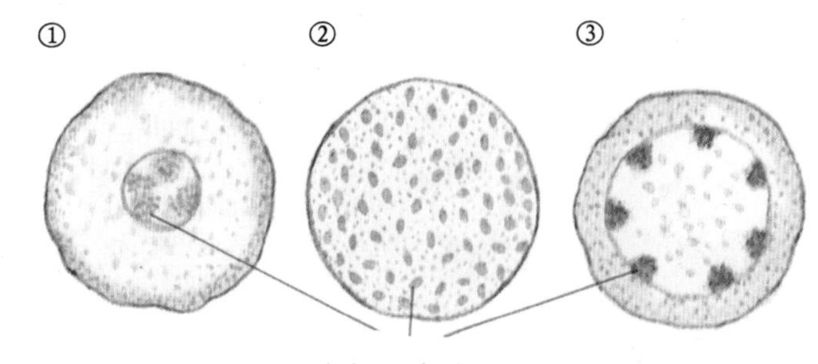

6 以下的一段说明是关于植物栽种及功能的叙述，从下面方框中选出合适的叙述，并填入（　）中。 每题 4 分【20】

树木要移植到别的地方时，须切掉一部分树枝。这是因为在移植时根很容易断掉，从根吸入的①(　　)就会减少，因此从②(　　)蒸发的水分也会减少。在沙地等水分较少的地方种植草木时，根会③(　　)延伸到地里，以便吸取④(　　)。当从叶子蒸出来的水分比由根吸取的水分⑤(　　)时，植物就会枯萎。

多	少	水	叶子	深深地	浅浅地

4 (1) 根毛 (2) ② (3) ①水分 ②养分　**5** (1) ② (2) ③　**6** ①水 ②叶子 ③深深地 ④水 ⑤多

(2) 季节与生物

1 回答下列有关油菜的问题。

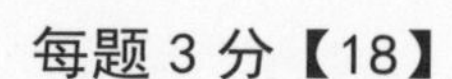
每题 3 分【18】

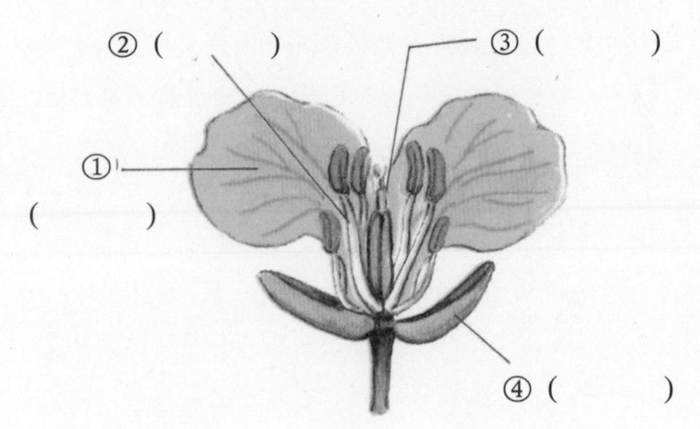

(1) 将①、②、③、④的名称填入（ ）中。

(2) 1 朵花之中有几个②呢？

（　　　　）

(3) ①到④之中哪一个会结成果实呢？

（　　　　）

2 下面图中的花，哪些种植方法和种油菜的方法相似呢？在这些植物的（ ）中画 ✓，不相似的则画 ×。

每题 4 分【20】

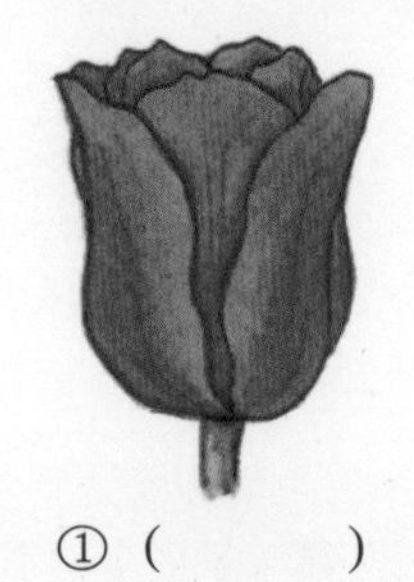
①（　　）

②（　　）

③（　　）

④（　　）

⑤（　　）

3 以下的叙述是我们观察植物所得的记录，请把其中 3 项和油菜开花同时期的现象选出，在（ ）中画 ✓。

每题 4 分【12】

①花盆中的向日葵开始开花了。（　　）

②在校园的池塘中可以看到水黾和青蛙卵。（　　）

③紫云英盛开着，蜜蜂也纷纷飞来。（　　）

④看到樱花的枝叶繁茂。（　　）

⑤在萝卜花上蛽蛉停着不动。（　　）

⑥牵牛花开始开花了。（　　）

⑦丝瓜结成果实了。（　　）

答案 1 (1) ①花瓣　②雄蕊　③雌蕊　④花萼　(2) 6 个　(3) ③
2 ① ×　② ✓　③ ×　④ ×　⑤ ✓　3 ②、③、⑤

4 回答下列有关温度计的问题。

每题 5 分【10】

(1) 温度计刻度的正确读法是下列①到③之中的哪一个呢？请在正确的答案上画 ✓。

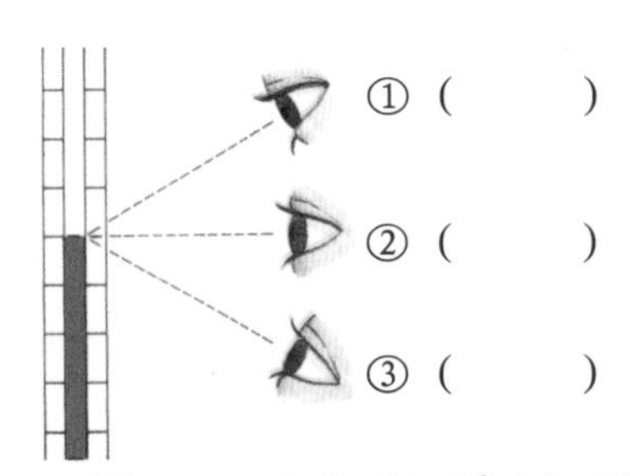

(2) 下图的 2 个温度计各是几度呢？把数字填在（ ）中。

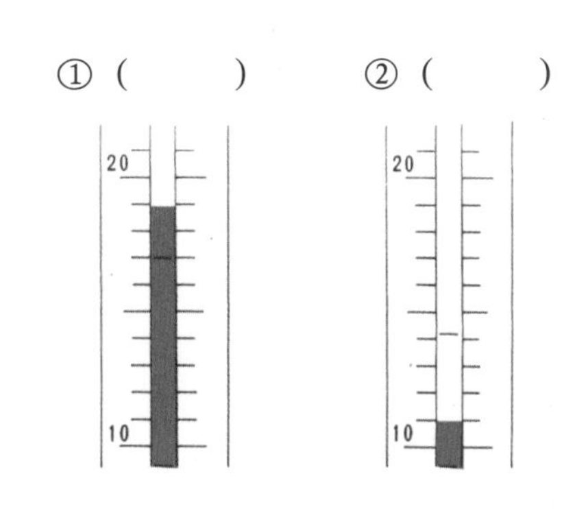

5 回答下列有关种植丝瓜的问题。

【10】

(1) 看看下图，写出丝瓜生长的顺序。 (　　) → (　　) → (　　) → (　　)

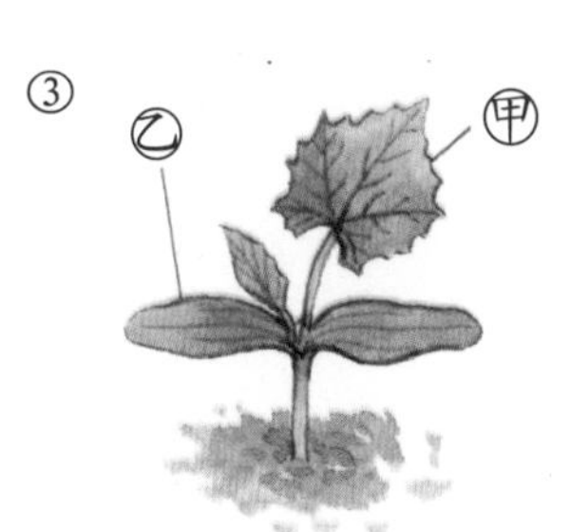

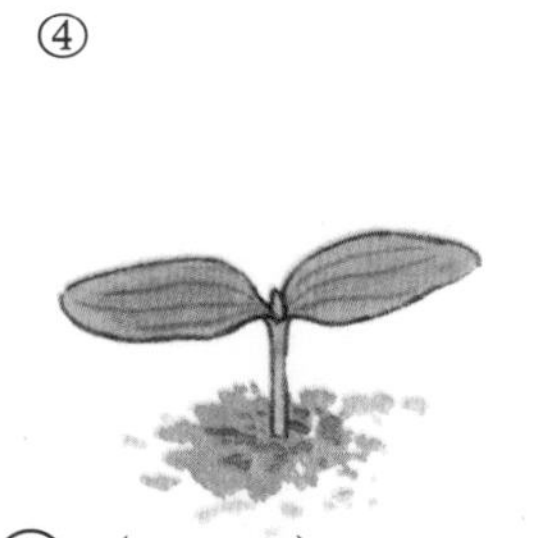

(2) 写出③图中㊙甲与乙的名称。 甲 (　　) 乙 (　　)

每题 5 分【10】

6 下面①到⑥是叙述测量土地温度的方法，把正确的号码填在（ ）中。

(　　　　　　) 【10】

①温度计从土里拿出来后，过一会儿才看刻度。

②温度计一放到土里之后，马上读水银柱上的刻度。

③将温度计放入土中，等水银柱上的温度不再变化之后，才读刻度。

④在土里挖一个洞，将温度计放进去之后再读水银柱上的刻度。

⑤将整支温度计都插入土中，然后马上拿出来，读水银柱上的刻度。

4 (1) ② (2) ① 19℃ ② 11℃

5 (1) ②→④→③→① (2) 甲初叶 乙双子叶 6 ③